獨裁者的廚師

WITOLD SZABŁOWSKI

《跳舞的熊》作者——
維特多・沙博爾夫斯基
葉祉君◎譯

"An interesting combination of politics and food... It hit the spot."
—*Reading Envy*

JAK NAKARMIĆ DYKTATORA

衛城出版

BŁOWSKI

K

MIĆ

TORA

單

WITOLD
J
NAK
DYKT

在地食評・同桌推薦

把政治史和烹飪書煮在一起，交融共冶，竟然可以這麼濃醇對味，這本書讓我入迷，神魂飄到古巴柬埔寨烏干達，跌進一個又一個料理和故事中，屏息凝神，看得膽戰心驚。

在飽足精巧的台灣，我們早已淡忘食物的權力關係，說起當政者的餐桌，通常只想到御廚。不久前我還讀到一篇報導，介紹台北某鐵板燒大廚，經常飛去平壤，為金正恩割烹掌杓，記者欣羨獵奇，津津樂道三胖愛吃的菜，隻字不提獨裁極權，彷彿他是影帝或球星。

飢餓是一種政治工具，在寡頭政權下，食物和飢餓必然相伴互生，如月之光華與黝暗，而官邸廚房有絕佳視角，最能看出暗影的面積。作者深入訪談廚師，講強人的甜餅、賊魚湯和椰奶羊肉，但又跳出廚房走入街頭，寫庶民的烤老鼠、燒青蛙、煮香蕉皮，觀點交錯，排比對照，呈現出極權的恐怖荒謬。

沙博爾夫斯基太會寫了，文字精悍生動，風趣活潑，卻又冷靜節制，他以口述歷史般的散文體，讓受訪者盡情暢言，自己只是觀察記述，不作任何譴責評斷，力道更強。這是一本豐富的書，可視為優秀的報導文學，更可當成深度的遊記、食旅、政治史和傳記，我讀到暗黑的歷史和人性。

食物就是權力，句號。

——**蔡珠兒**・作家

繼《跳舞的熊》後，沙博爾夫斯基再次推出報導文學新作。本書延續他獨特的問題意識：威權和獨裁體制對人究竟產生怎麼樣的烙印？

獨裁者在世時，一切諱莫如深，身後才偶有貼身醫生、侍衛官撰寫見證與回憶，我們才能一窺祕辛。但沙博爾夫斯基這次跨四大洲親身採訪的，卻是獨裁者的廚師。透過廚師之眼，我們可以看到，這些獨裁者有著極相似的特質。他們體能多半良好、鬥性堅強，像海珊泳渡底格里斯河，讓我想起毛澤東愛在眾人面前暢泳長江，或是普丁總喜歡秀出他的體魄；他們也生性懷疑，對廚師挑三揀四，擔心鬥爭中被人下毒。獨裁者的殘暴、慾望、人性，都在與廚子們的對話裡，展露無遺。

本書不僅僅是廚師怎麼理解他們曾服侍過的「老闆」，也讓我們有機會重新思考對獨裁者的看法。有些見證翻轉了人們的既定印象，例如，所謂的暴君海珊，在尚未被美國推翻前，其實對基督教和女性較現今伊拉克相對寬容。但書裡也不乏荒謬的故事：例如為柬埔寨獨裁者波布工作的廚師，始終堅信自己的老闆從未進行種族屠殺；海珊的廚師則認為海珊的暴虐維持了伊拉克的恐怖平衡，比起四分五裂與伊斯蘭國橫行的今天，更叫人懷念。

透過活靈活現的訪談、追尋、書寫，本書讓獨裁者現形，也讓人性與歷史更為立體。

——**李雪莉**·報導者總編輯

這是全新品種的飲食書寫——透過廚師視角管窺二十世紀五大暴力政權，恐怖中見平凡，平凡中見恐怖，不僅呈現了獨裁者前所未聞的生活面向，更充分證明一日三餐之於大歷史的關鍵性。

——**莊祖宜**·廚房裡的人類學家

獨裁者的廚師們，都是廚房裡的「大獨裁者」。只懂做菜的廚師，透過料理統治了廚房；但那些宰制國家生死的強人們，他們一樣要吃得喝，卻因三餐日常的飲食而短暫解除了「暴君的神格武裝」，如同你我一般地臣服於每一個味蕾的魔幻瞬間——這也讓本書更引人好奇：究竟有沒有哪頓晚餐、哪道菜，真能在舌尖交錯之間左右了人類的殺伐歷史？

——**張鎮宏**．轉角國際udn Global主編

要處理好威權政治這道「料理」，最大困難點在於「食材」取得非常不易。一方面資料很少公開，二方面是經歷其中的人出於各種原因不願意多談。或因為心理創傷，或因為擔心遭到清算，或仍然對舊政權忠心耿耿。沙博爾夫斯基以獨裁者身邊的廚師為題，不只取得了側寫威權政治的第一手觀點，更展現了精彩的報導「廚藝」。

——**陳方隅**．菜市場政治學共同編輯

即使是殺人如麻的獨裁者，也是會肚子餓。都說從一個人吃的食物，可以瞭解一個人，那麼這些冒著生命危險、為獨裁者烹飪食物的人，或許——我是說或許——是世界上最瞭解他們的人？透過戰亂烽火中的食譜、臟器脾胃中的食物，本書深抵人性最複雜的那面：革命英雄也會「餓到氣」（hangry）。令人聞之色變的血腥獨裁者，在廚師眼中可能只是最難伺候的一張嘴。

——**胡芷嫣**．故事StoryStudio主編

本書帶領讀者從近距離觀察獨裁者複雜的內心世界。廚師職務本是張羅食材與烹飪料理，但身為獨裁者餐桌舵手，反倒能觀察他們如何做出武斷的政治主張、荒謬的私人生活，甚至引起屠殺戰爭。闔上本書，我彷彿經歷過獨裁者統治下的荒謬生活，但又從中品嚐出特殊的佳餚。

——**郭忠豪**・臺北醫學大學通識中心助理教授，飲食文化史家

維特多・沙博爾夫斯基不僅獲獎連連，也是卡普欽斯基（Ryszard Kapuscinski）與漢娜・克拉爾（Hanna Krall）的傳承人，更是波蘭報導文學流派的頂尖代表。其新作《獨裁者的廚師》不單是本出色的食譜，也是段貼近嗜血獨裁者私人世界的旅程。沙博爾夫斯基以與波布、海珊、卡斯楚、阿敏及霍查的廚師對話為基礎，從廚房與廚藝生動描繪出柬埔寨、伊拉克、古巴、烏干達及阿爾巴尼亞當權者官邸內的風光。不管對於當代歷史的愛好者，還是異國餐飲的喜愛者來說，《獨裁者的廚師》都是本不容錯過的好書。

——**李波**（Bartosz Ryś）・波蘭臺北辦事處代理處長

外國食評・同桌推薦

沙博爾夫斯基不是在描述怪物，而是宛如怪物般的人類，這才是可怕之處。

——**勞拉・夏琨洛**・紐約《新聞週刊》美食專欄記者、烹飪史家

美食與歷史愛好者無法抗拒的一手資料，只有獨裁者私廚才知道的故事。

——《**出版家週報**》

沙博爾夫斯基是一位既清澈又溫柔的說書人，其技巧在於不直接下評斷，讓廚師的故事自己說話。

——《**金融時報**》

一段橫越四大洲的迷人旅程。沙博爾夫斯基透過廚師之眼，描繪了一幅幅專制獨裁的圖像。讀來既美味又震撼。

——**《國家地理雜誌》**

堪稱心靈雞湯加上殘暴嗜血的獨裁者。

——**美國** Podcast **節目** Stu Does America **主持人**

讓獨裁者從神話化為有血有肉的人……豐富美味又多汁。

——**《每日電訊報》**

迷人，動人，讀完卻叫人不寒而慄。廚師講述有趣的人生故事，但同樣有意思的是他們對自己在獨裁暴政中扮演的角色（無論多麼渺小）進行反思，或者拒絕反思。

——**《華盛頓郵報》**

沙博爾夫斯基耗費三年追蹤並親自訪談這些廚師，幫我們對世界上的獨裁暴政建立了歷史脈絡。本書讓人一邊讀到這些獨裁者有多麼喜歡蜂蜜烤乳酪，或拒絕吃大象肉乾，一邊記住他們有多邪惡。

——**《華爾街日報》**

宛如一本辛辣的美食遊記，宮廷陰謀與背叛劇碼會半路殺出，遊走道德模糊地帶。這既是本書的魅力所在，也是其恐怖之處。

——**《彭博社》**

本書說明了飽餐一頓的重要性，對誰都一樣。

——**英國政論雜誌《旁觀者》**

私密描寫五位無情獨裁者在餐桌上的一面，故事驚人。

——**賈西亞・納瓦洛**・美國《全國公共電台》（NPR）週末節目主持人

在一個政治強人越來越受歡迎的世界裡，本書讀來兼具原創性與時事感。

——《**科克斯書評**》

暗黑與喜劇的迷人混搭，各國美食與酷刑屠殺的完美結合。交織著荒誕與殘酷，滑稽與恐怖，調性令人想起電影《史達林死了沒？》

——《**星期日郵報**》

推薦序

獨裁者也有甜牙齒嗎？

許菁芳（作家）

關於獨裁者的書籍眾多。時至今日，我們對獨裁者的所思所想，所作所為，也頗有認識。但是，關於獨裁者的日常吃喝——如此私密、頻繁、不可或缺而眾生皆具的一項本能——我們幾乎一無所知。獨裁者喜歡吃什麼？在哪裡用餐，有何儀式，有何慣習？也有軟弱的甜牙齒嗎？他們在殺人前、殺人後，胃口又如何？

《獨裁者的廚師》是由波蘭記者維特多・沙博爾夫斯基的心血之作。花費整整四年，橫跨四大洲，費盡心思終於找到獨裁者的廚子。他們是餵養二十世紀五大獨裁者的人——伊拉克的海珊，烏干達的阿敏，古巴強人卡斯楚，柬埔寨劊子手波布，還有阿爾巴尼亞的軍事頭頭霍查——他們的故事，令人垂涎欲滴，毛骨悚然，顛覆三觀與五官感。

首先令人意外（但又不那麼意外）的是，在食慾面前，人人平等。獨裁者也跟一般人一樣，很渴望好好吃頓飯。不過因為樹敵者眾，暗箭難防，獨裁者的這個平凡渴望不容易達成。例如，魅力領袖卡斯楚吸引了年輕的伊拉斯莫加入護衛隊。跟著革命跑來跑去多時，有一天，伊拉斯莫得到了這樣的建議：

你很有做菜的天賦。貼身護衛卡斯楚要幾個是幾個，不過要找一個他信的過的廚師可就難了。也許你應該去專門的烹飪學校上課？

放棄了直升軍官的康莊大道，伊拉斯莫捫心自問，「我把東西丟進鍋裡，我看見調味料怎麼徹底改變味道，我發現每道菜每次味道有點不同，我其實覺得更開心。」而且，革命當前人人有責，下得了廚房也是報效國家，「我煮的東西，卡斯楚和其他人都覺得好吃。我為卡斯楚做了鮮魚佐芒果醬，他非常喜歡。」芒果醬，輕描淡寫三個字，卻是劉姥姥進大觀園吃的茄子。牛骨為底，蔬菜為輔，慢熬兩天，質地如果凍的半釉汁，芒果是最後一刻才加入的主角，有點爛又不是太爛，在煎魚上化開。

獨裁者都愛吃什麼？是否茹毛飲血，還是清淡自持？他們都是一國之（暴）君，是否連「胃」也堅持國族大義，絕不崇洋媚外？

海珊也愛吃魚，不過他只吃本地料理。廚師阿里說，你以為美國人的經濟制裁會讓總統吃得比較差嗎，怎麼可能，他只吃伊拉克菜，只用伊拉克食材；總統最愛的馬斯古夫，是在伊拉克才找得到的鯉魚。即使是世紀強人，也必須屈服於自己的胃。強悍如海珊，還是想吃小時候在夫人娘家吃到的魚湯——提克里特（Tikrit）的賊魚湯。將油脂眾多的黃魚切塊煎香，與洋蔥、番茄、果乾、杏仁層層相疊，以香芹、薑黃、大蒜、葡萄乾調味，待汁水收淨，再入滾水湯湯。

「這是總統夫人教我煮的湯。我是這世上除了她之外，唯一知道這湯怎麼煮才對海珊味的人。現在你是第三個。」——讀著這行字的你，也知道這個祕密了，一個可以直達二十世紀最兇殘獨裁者內心的祕密。

阿里不是唯一一個知道如何通過胃，直達領袖心底的大廚。同樣的心靈相通也出現在烏干達的獨裁總理阿敏與他的廚子歐銅德之間。這一次，廚子得到了領袖的心，不是因為家鄉味，而是因為異國風情。總理之所以選我，「是因為沒有幾個黑人懂得煮白人的菜。黑皮膚的總理雇用黑皮膚的廚師，但這廚師卻得要會煮白人的食物。」廚子以牛尾湯、丁骨牛排、乾果布丁從容應試，並且在獲得工作之後，察言觀色，天天烤好香噴噴的小餅乾隨著熱茶送進總理的辦公室。

獨裁者終究是獨裁者，熱愛控制，充滿不安全感，用恐懼與暴力建立關係，跟他們的廚子也不例外。俗話說得好，巧婦難為無米之炊；當獨裁者在政治上陷入困境的時候，連一隻蒼蠅都飛不出去，連一瓶牛奶都進不來，廚子也得在沒有辦法裡變出辦法。阿爾巴尼亞的軍事頭人霍查，曾經叫他的廚子複製一份「他在法國唸書時的烤栗子沙拉」，可是，「等栗子送到我們倉庫的時候，早就發霉了，共產時期就是這樣」。廚子K先生說：「我只好拿榛果替代，剝殼剖半，加上橄欖油，放進牛奶煮，然後用玫瑰裝飾。」

這還不是最慘的。霍查還想吃他在法國吃過的無籽葡萄。但是阿爾巴尼亞沒有這品種。K先生說，「我又能怎麼辦……只好坐下來把葡萄裡的籽一個一個挑出來。」

顯然，身為獨裁者的廚子，能活到說出自己的故事，絕不是省油的燈。絕對是個好廚子，但也絕對不只是個好廚子。

無論在世界的哪個角落，服務男女老少，聖人或獨裁者，好廚子終究是好廚子。一個好廚子善於管理，事前預備與事後清理絕不含糊，確保食材送達的時程、賞味限度，以及精準掌握料理送上桌的時刻與質地。海珊要上前線去慰問戰士時，廚子阿里就得打包，帶一口專用的大鍋，鍋大底厚，飯才不會燒焦。卡斯楚的廚子也說，「最大的問題是領袖沒有固定吃飯時間，這是在游擊隊養成的習慣，對廚師來說真悲劇，不管白天晚上，無時無刻都在待命。」

這或許也是為什麼，烏干達的獨裁阿敏被傳聞為食人魔時，他的廚師感到相當受傷：「我敢對天發誓，從來沒見過這樣的事。我也被人問過很多次，是不是有為他煮人肉。沒有。從來沒有。我從沒看過來源不明、非我親手採購的肉，也沒煮過這樣的肉。軍隊從沒拿過來源不明的肉給我。食材採購都是我一手包辦。」語畢，廚子歐銅德開始掉淚。

古諺有云，「人如其食」（you're what you eat），廚子不只是以食物餵養獨裁者，一個好廚子的精氣神都奉獻給他的料理；於此，廚師與獨裁者，有了不可思議的連結。

「在世界的命運懸而未決的當下，鍋裡煮得啵啵響的是什麼？」

本書作者沙博爾夫斯基從一句天真的探問，開啟了本書漫長的採訪、寫作之旅。但最終，他筆下成就的是一群真實、有血有肉，而充滿魅力的大廚——廚師是詩人、物理學家、醫生、心理諮商師與數學家的綜合體。這是沙博爾夫斯基的見證，也構成了本書的靈魂。

台灣版作者序

1.

記得頭一次聽到台灣是在國小六年級的歷史課上，當時我十二歲，國家歷經巨大轉變，從共產變成民主不到三年。而一直以來都讓我們生活在陰影之下的共產老大哥蘇聯解體，也不過才一年前的事。

當時我居住在一個不尋常的國家。前一天，商店空無一物（因為是公營商店）；接著某天，政府允許民營，貨架上的商品便從最底層堆到最上層，而且都是作為孩子的我從沒見過或很少見到的東西：巧克力、香蕉、柳橙（共產時期，一年只有一次，也就是過耶誕節的時候，才能見到這些東西）。當時我的父母嚐到了即溶咖啡與西方啤酒的滋味，我們似乎頓時躋身為世上最好的一部分。

不過我們很快便知道這些繽紛美麗的事物皆有其代價。身為老師的母親丟了工作，因為轉眼間，我們已不再需要那麼多學校。這讓她患了好幾年的憂鬱症。好在她只是得了憂鬱症，因為在那個轉型的年代，說到自殺率，我們可是歐洲翹楚。

我就是在那段苦甜摻半的奇妙歲月裡從歷史老師那兒得知，當我們在波蘭飽受共產之苦的同一時間，台灣人多虧驍勇的蔣介石將軍，未曾嚐過那滋味。我當時覺得台灣歷史與波蘭歷史的走向類似，只是過的生活完全相反。在那個國家的歷史裡，多虧有蔣介石，不管是柳橙、巧克力、即溶咖啡還是西方的啤酒，台灣的國民全都能享有。

當時在我的記憶裡，台灣是個理想的國家，那個國家的人民不需經歷我們所經歷的事。

2.

五年前，我收到一封完全意想不到的電子郵件。

寄信人是傑出的波蘭文譯者林蔚昀小姐，告知台灣的衛城出版社想出版我的《跳舞的熊》。這本書講述的是我們脫離共產主義所經歷的艱辛與曲折：成年後，我見到越來越多我們在黃金的九零年代所經歷過的困難。當時丟了工作、還得對抗憂症的人不只我母親，像她這樣的例子書裡多有著墨。

收到信的當下我很開心，怕是作夢，回信前還捏了自己兩次。一本波蘭人寫的書，寫的是不懂適應自由生活，不斷重複奴隸行為的保加利亞的熊（其實我們人類也一樣），竟會有來自世界另一端完美國度的出版社想簽下版權，令人難以置信。我跟林小姐提出我的疑問。「您錯了。」她說：「這本書講的也是台灣，那裡的每個人都能瞭解這本書在說什麼。」

我不知道自己該怎麼理解這番話。

《跳舞的熊》兩年前在台灣出版，於此之前已在二十個國家發行，讀者會透過臉書和IG找到我，或者不知從何處挖出我的電子信箱，但我在全世界還沒收過像來自台灣這麼多的讀者來信。這讓我很訝異。若是一本書能在世界另一端的人心中喚起這麼多感受，這對作者來說是很大的滿足。這些人的成長背景不同，生活方式不同，卻能與作者共鳴，這會讓作者覺得自己寫了一個重要的東西。

不過，為什麼台灣人（有著自由與柳橙的國民）會對這段歷史感興趣？

3.

為了回應台灣讀者，我也開始研究起你們這個美麗的國家，查閱各種相關書籍。最起碼我知道台灣也有自己特有種的熊。不過我也明白了我的歷史老師所言有誤——台灣的熊也同樣是跳舞的熊。蔣介石確實拯救這個國家逃離共產魔爪，但這不代表他給了這個國家自由。

於是我明白，台灣人之所以會對追尋自由的故事有所共鳴，是因為他們也在追尋屬於自己的自由，而且如同我們波蘭人，是在不久前才踏上這趟追尋之旅；如同我們波蘭人，也如同跳著舞的不幸之熊，經常在追尋自由的過程中迷失、受傷。

一年前新型冠狀病毒大流行剛開始時，我很榮幸能前往台灣，與讀者在台北見面。當時人潮相當踴躍，對話絡繹不絕，成為我寫作生涯中一段十分美好的回憶，而來自台灣的讀者也從此在我心中佔了一席之地。這一切都要感謝林蔚昀小姐，感謝衛城出版社的各位好朋友，感謝感波蘭台北辦事處的好朋友（他們的主管原來是我大學時期的好同學李波）。

最重要的一點，我要感謝各位對我的作品青睞有加，也很感謝有這麼一條連繫波蘭作者與台灣讀者、非比尋常的理解之線。

多謝。＊

4.

今天各位手中拿的這本書，是我最新的作品《獨裁者的廚師》。內容貌似談論食物，實際上又是本關於自由的書。我在世界的五大洲尋找為二十、二十一世紀最著名的獨裁者煮過飯的廚師，跟他們一起一步一步透過廚房的門扉，向各位呈現我們是在什麼時候、基於怎樣的原因失去了自由。這是本結合了食譜與廚師不凡經歷的作品，也是本警惕之書：不管是對在波蘭的我們，還是對在台灣的你們來說，都要警惕這份得來不易的自由，究竟有多麼容易失去。

希望本書能為各位帶來好滋味，也願我們不久再相見。

* 作者原文即以中文字表示。

獨裁者的廚師

WITOLD SZABŁOWSKI

JAK NAKARMIĆ DYKTATORA

如果人如其食，
那廚師不只為我們烹煮餐食，
也造就了我們，
塑造了我們的社交網路、科學技藝與藝術宗教。
我們應當時常提起廚師的故事，好好講述，
因為這是他們應得的。

——麥可．賽門斯，《廚師與烹飪的歷史》

肯亞與烏干達

基蘇木　歐銅德．歐德拉在這座城市近郊出生，他是米爾頓．奧博特與伊迪．阿敏兩位前烏干達總統的廚師。住在附近村落的人，皆來自一個叫「盧歐」的部落，而他們當中有許多人都在烏干達總統府工作。第四十四屆美國總統巴拉克．歐巴馬的父親老歐巴馬，也是這個部落出身。

康培拉　伊迪．阿敏統治的城市。阿敏是名血腥獨裁者，會把政敵丟去餵鱷魚，至今仍有人懷疑他會吃人。

伊拉克

巴格達　阿布．阿里在這裡學習烹飪，後來成了前伊拉克總統薩達姆．海珊的廚師，也是海珊的六名廚師中，唯一還在世的一位。

艾比爾　阿布．阿里在此服役期間，碰上庫德族起義。他原被分發為步兵，但很快便說服眾長官，自己在廚房更有用處。

柬埔寨

安隆汶縣　永滿為紅色高棉的領袖波布備膳多年，也是他的紅顏知己，至今仍住在此，而這裡也是當年紅色高棉軍最後的居住地。

金邊　柬埔寨首都，曾受波布及其黨人統治，期間有四分之一的柬埔寨居民喪命。

臘塔納基里省的中心地帶　游擊隊的基地，永滿在此投身革命，加入波布兄弟的行列，當時波布仍使用化名「床墊」。「他用他的微笑對我施了魔法。」永滿在多年之後如是說道。

古巴

哈瓦那　伊拉斯莫與弗羅雷斯居住的地方。兩人為斐代爾．卡斯楚掌廚多年。伊拉斯莫目前在哈瓦那舊城的市中心經營餐廳，生意很好。弗羅雷斯則住在較為貧困的一區，過著三餐不繼的日子。

聖克拉拉　伊拉斯莫．赫南德斯曾住在這裡，後加入革命，成為卡斯楚的貼身護衛，之後又擔任他的廚師。

阿爾巴尼亞

地拉那　K先生是名廚師，為生性多疑的阿爾巴尼亞領袖恩維爾．霍查工作。地拉那是他為霍查和霍查家人掌廚的地方，也是這名獨裁者的妻子涅琪米葉現在住的地方。

夫羅勒　K先生在這座城市遇見一個人，後來更為這人工作了許多年。這份機遇徹底改變了他的一生。

前菜

各位手裡已經拿好刀叉，腿上鋪好餐巾了嗎？

這樣的話，請再耐心稍候一下，這段引言不會花各位太多時間。

在我們進入主餐頁前，我想跟各位說，我本來差一點就要成為廚師。那時的我二十幾歲，稍稍提前完成學業，就跑去哥本哈根探望友人。因緣際會之下，幾天後我開始在市中心的一家墨西哥餐廳工作，負責洗碗。這當然是份黑工，不過我在四天內賺到的收入相當於我那在波蘭當老師的母親一整個月的薪水，而這都要歸功於沾在皮膚與衣服上洗不掉的燒焦油漬，以及餐廳裡的俗氣裝潢。在我們的餐廳裡，每踏出一步都可能撞到仙人掌，牆上掛著許多仿皮左輪手槍套；而我們掛在壁鉤上的墨西哥帽，則是每晚都有喝龍舌蘭酒喝到醉醺醺的客人試圖摸走。每個區域都只用早期美國西部酒館的那種門隔開，只有廚房的門才能關上。

這樣也好。最好別讓客人看見裡頭是怎麼一回事。

廚房裡，廚師站在大大小小的鍋子前，手裡夾著菸，他們都是來自伊拉克的庫德人。雇他們來這裡工作的餐廳老闆是位阿拉伯人，老是開著亮閃閃的BMW新車在市區炫耀。餐廳是他向一名有點年紀的加拿大人買的，對方厭倦了在哥本哈根開墨西哥餐廳。我不知道老闆當初付了多少錢，不過餐廳的生意極好。

他總共聘請六名廚師，每人都從早到晚忙不停。他們根本沒人去過墨西哥，就算給他們一張地圖，他們可能也指不出墨西哥在哪裡。我也不認為他們有誰曾當過廚師。然而，有人教他們怎麼做墨西哥捲餅、墨西哥烤肉、墨西哥烤雞，教他們該怎麼做才能用最少的醬汁，還能讓墨西哥夾餅看起來滿是淋醬。就這樣，這些廚師一天到晚做菜、烤肉、淋醬。客人都吃得很滿意，而這才是最重要的。「伊拉克沒有工作機會。」那些廚師在我面前補充道，像是要為自己辯白。

他們教我上工前要先抽大麻，「不然根本撐不了一整天。」他們一邊吞雲吐霧，一邊說。他們教我怎麼用庫德語從一數到十，也教我怎麼罵髒話，當中最難聽的字眼跟母親有關。

一整天，我負責操作三台洗碗機，還得動手把做完脆皮烤雞的大型鍋具刷乾淨。有時間的話，我也會試著馴養垃圾桶裡的老鼠，把剩菜拿給牠。這我是從一部電影裡學來的愚蠢想法，幸好那隻老鼠比我還聰明，完全不想靠近。

那些庫德人都是很好的同事，不只為我規劃職涯，還答應我：「我們教你怎麼做菜，不會讓你洗一輩子的碗。」

我本來也是懷著同樣的希望，所以學著該怎麼做墨西哥捲餅、烤雞，還有夾餅的醬該怎麼淋，每件事都依樣畫葫蘆。

直到有一天，我的手機響了。有人跟另一家餐廳的老闆說有位男孩願意打黑工，所以那老闆就想挖角我。這一回，我不用四天，只要三天就能攢到母親在波蘭工作一個月所賺的錢。再加上可以從洗碗工升格為廚房助手，我想都沒想就告別了庫德人。兩天後，我繫上黑色圍裙，站到了新餐廳的瓦斯爐旁。這家餐廳很小，但很受歡迎，離城裡其中一條主要街道諾雷布羅格街不遠。這次的廚房裡只有兩個人：老闆奧古斯特跟他的助手維特多，也就是我。

奧古斯特是半個古巴人跟半個波蘭人，但卻在芝加哥長大，既不會說波蘭語，也不會說西班牙話，一個字也不會。他人生大多數時間都在商船上當廚師，而這家餐廳是他退休生活的保障。

沒客人的時候，奧古斯特說話很正常，不過一到了午餐時刻，姑且說我們的八張桌子有六桌都坐了人時，他就會變成一個魔鬼。廚房裡開始鍋子乒乓響，盤子到處飛，奧古斯特也吼個不停。出口成「髒」的他幾乎得罪了所有員工，被他羞辱最慘的，要數他的妻子，同時也是他餐館的女主人暨餐廳合夥人。

一回，他又爆發了。我對他說：「奧古斯特，要是你再這樣對我說一次話，我就丟圍裙走人。」

他聽了也只是笑笑。

「維特多，我這輩子都在廚房裡工作，知道誰能吼，誰不能吼。」見我一臉驚訝，他又說：「我們一整天都在一起工作，你跟我兩個，在這四平方公尺不到的空間裡，我可一點也不想把氣氛搞僵。」

也就是說，他的怒氣是可以控制的！當下我腦中閃過一個念頭：如果他不當廚師，也可以去當外交官。廚師可以這麼狡猾精明，我還是頭一次見識到。

一但外場的忙亂平靜下來，奧古斯特的血壓也會跟著下降。這種時候，他會跟我說海的事——他的人生有一半都在海上度過，他很想念那些日子。那些故事裡有海豚，有鯨魚，有暴風雨，有與他所搭乘的大型船艦擦身而過的孤單帆船。有熱帶島嶼跟格陵蘭島，有整個世界。沒客人光顧時，奧古斯特就是個很棒的人，溫暖、有智慧、充滿幽默感。然後客人再度上門，他也就又開始發瘋了。

我觀察了幾個月他的心情蹺蹺板。我每天跟他一起做菜，也會幫忙設計新菜單。那對我來說宛若魔法——我覺得我們兩個人好像一起在畫《蒙娜麗莎》。為了這種日子，奧古斯特在冰箱冰了一支烈酒。我們在廚房工作到深夜，我給他切肉和蔬菜，他則把這些食材排成各種組合，而且一個比一個還要有巧思。

不過做菜跟繪畫的相似性就到此為止。達文西不需要每天都畫他的蒙娜麗莎，一次又一次地畫個不停，而奧古斯特菜單上的餐點我們可是每天都得做上好幾十次。

奧古斯特教我該怎麼拿刀才不會傷到指頭，教我做牛排、沙拉和十分美味的韭蔥醬。呵，他甚至教我在廚房裡該怎麼站，雙腿才撐得了一整天。

他還教我禮拜天客人用過早午餐後（我們店裡的早午餐很有名），盤子裡要是有剩下比較貴的水果，像覆盆莓、荔枝，或是包在棕綠色葉子裡、顏色黃澄澄的燈籠果等，就把它們洗乾淨，擺上盤給下一位客人吃。

「這太貴，不能浪費。」見我一臉驚訝，他這麼解釋著。

有一天，我們的八張桌子在五分鐘內就全都坐滿，而門口還有別的客人在排隊。奧古斯特終於忍不住對我大吼：

「你這個該死的懶骨頭！」看來，他的憤怒只能控制到某種程度。「看什麼看？麵包拿出來！」他繼續吼著。

而我的圍裙已丟在地上。

幾天後，奧古斯特打電話給我，甚至說了些聽起來像「對不起」的話。這不是因為他特別喜歡我，而是我這個員工很廉價，叫我回去很划算，如此而已。

不過我沒興趣再回去坐他的心情蹺蹺板。我開始拉人力車，載客人在哥本哈根觀光。半年後，我回到波蘭，成了一名記者。

然而，廚師可以多麼有魅力這件事，卻一直留在我心中。他們是詩人、物理學家、醫生、心理諮商師和數學家的綜合體。大多數廚師都有精彩的一生——這是一份讓人燃燒生命的工作。不是每個人都適合吃這行飯，我就是最好的例子。

我為報社寫稿多年，議題都是社會及政治相關。儘管我一直對廚師這職業很感興趣，卻沒想過烹飪這件事會與我的生活軌跡再度相接。直到有一天，我看了一部斯洛伐克與匈牙利導演彼得．克雷克的電影，叫《歷史上的廚師》。電影裡講述戰時的廚師生活，前南斯拉夫統治者狄托元帥的私廚布蘭科．特波維奇也有參與演出。

這是我這輩子頭一回看見獨裁者的廚師。那瞬間，我似乎有了開悟。

我開始思考那些在歷史關鍵時刻做菜的人能說出怎樣的故事。在世界的命運懸而未決的當下，鍋裡煮得啵啵響的是什麼？當廚師顧著不讓飯太熟、牛奶太燙、豬排太焦，或是不讓煮馬鈴薯的水濺出來時，眼角餘光瞄到了什麼？

一思及此，問題更是如雨後春筍般冒了出來。海珊下令用毒氣屠殺幾萬名庫德人後，吃了什麼？他後來沒有肚子疼嗎？將近兩百萬名高棉人死於饑荒時，波布吃了什麼？差點引發世界核戰的卡斯楚呢？這些獨裁者裡，誰喜歡重口味，誰的口味清淡呢？誰的食量大，誰只是拿叉子在盤子裡戳兩口呢？哪一個喜歡血淋淋的牛排，哪一個喜歡全熟的呢？

還有最後一個問題：食物對他們的政策有造成任何影響嗎？也許哪個廚師利用隨著食物上桌的魔法，也在自己國家的歷史裡湊上一腳？

我別無選擇，問題之多讓我不得不找出真正為這些獨裁者工作的廚師。

因此，我踏上了旅程。

這本書的準備工作費了我四年時間。在這段時間裡，我到過四大洲，從肯亞的熱帶稀樹大草原上被眾人遺忘的小村落，到伊拉克的古巴比倫遺跡，再到柬埔寨紅色高棉最後躲藏的叢林。我跟這世上最不尋常的廚師關在廚房裡，和他們一起做菜，喝蘭姆酒，玩拉米牌。我們一起上市集，在買番茄與肉的時候討價還價。我們烤魚、烤麵包，煮糖醋湯配鳳梨和羊肉抓飯。

要說服他們跟我談話，通常不是件簡單的事。為一個隨時可能殺掉自己的人工作，在他們心裡造成創傷，有些人到現在都還沒走出來。有些人對他們服務的政權忠心耿耿，到今天也不願洩露那些政權的祕密，就連只跟廚房相關的部分也不願說。還有一些人就是不想時常提起那些艱難歲月的回憶。

說服這些廚師開口的過程，足以讓我再另寫一本書。在一個比較極端的例子裡，甚至花了我三年多的時間。不過最後我成功了。我認識了透過廚房的門所看見的二十世紀史。我瞭解到該怎麼在艱難的時刻生存，該怎麼餵瘋子，該怎麼哄瘋子，就連一個放對時間的屁，也可能拯救十幾個人的性命。

最後，也是最重要的，多虧與這些廚師談過話，我明白了這世上的獨裁者是怎麼來的。根據美國組織自由之家的報導，世界上有四十九個國家受獨裁者統治。在這樣的時代裡，跟這些廚師的談話是很重要的知識，更遑論這些獨裁國家的數量持續增加。當今社會的氛圍適合獨裁者，因此他們的事我們知道得越多越好。

所以，容我再問一次：各位手裡已經拿好刀叉，腿上鋪好餐巾了嗎？那就好。用餐愉快。

點心

頭一次見到波布兄弟，我驚訝得說不出話。我坐在他位於叢林中央的竹屋裡，看著他，心裡想著這男人多麼英俊！

多好的男人啊！

弟兄啊，我當時心裡想的就是這個，你可別覺得奇怪，我那時還年輕。我本來應該要向他報告在前往他的基地途中，所經過的村子裡人們心情如何。但我沒開口，而是等他先出聲。不過，他什麼也沒說。

過了好一段時間，他才微微一笑，而我心裡馬上想：這笑容多麼好看！

多好的笑容啊！

我沒辦法專心在我們原本要談的內容上，波布跟我之前見過的男人非常不一樣。

我們同屬紅色高棉的「安卡」*，碰面地點是組織位在叢林裡極為機密的基地。當時大家都還叫波布「波兄弟」，這在高棉語裡是床墊的意思。我花了些時間去想為什麼他會有這麼奇怪的綽號，甚至問過幾個人，但都沒人知道答案。

直到過了十多個月，同伴裡才有人跟我解釋大家之所以會叫他「波床墊」，是因為他是個和事佬，身段很軟，而這也是他的力量所在。每當有人起口角，他就會站到雙方之間，為他們講和。

這話是真的，他甚至連笑容都很溫和。波布是個大善人。

我們當時只是短短交談幾句。結束後，他的副官把我帶到一邊，說波兄弟很需要一個廚師。對方說波兄弟已經有過幾個廚師，但沒人適任，問我想不想試試。

我答道：「想，可是我不會做菜。」

「妳不知道怎麼做糖醋湯嗎？」副官感到訝異，因為這是柬埔寨最常見的湯。

而我的答案是：「把鍋子給我。」

在他領我進廚房後，我才發現原來自己很會煮這道湯。先拿四季豆、蕃薯、南瓜、櫛瓜、甜瓜、鳳梨、大蒜、一些雞肉或牛肉，還有蛋，兩顆或三顆。也可以加番茄，甚至是蓮藕。一開始先煮雞肉，然後放糖、鹽跟所有的蔬菜。不幸的是，我沒辦法告訴你該煮多久，因為我們叢林裡沒有時鐘，每道菜我都是憑感覺做。我想應該半個鐘頭左右。最後可以再加羅望子樹的樹根。

木瓜沙拉我也做得不錯。先把木瓜切丁，加上小黃瓜、番茄、青豆、高麗菜、空心菜、大蒜，再淋上一點點檸檬汁。

不過我第一次做這道沙拉的時候，波布並沒有吃。後來人家才跟我說，他喜歡的是泰式做法——加上乾螃蟹或魚漿，還有核桃。

我也會做芒果沙拉、烤魚和烤雞，顯然我在童年時看過母親怎樣做菜。波兄弟要的就只有這樣，這個飯碗我捧得起。

從踏進廚房的那一刻起，我總是到晚上才會離開。先是煮午餐，接著是晚餐，然後整理廚房和清洗鍋具。

就這樣，我成了波布的廚師。我很高興自己幫得上忙，為了革命事業，也為了他。為了個性溫和的床墊兄弟，我想留在這座基地。

＊ 高棉語中的組織。

WITOLD SZABŁOWSKI

JAK

NAKARMIĆ

DYKTATORA

早餐

賊魚湯

伊拉克獨裁者海珊

&

廚師阿里

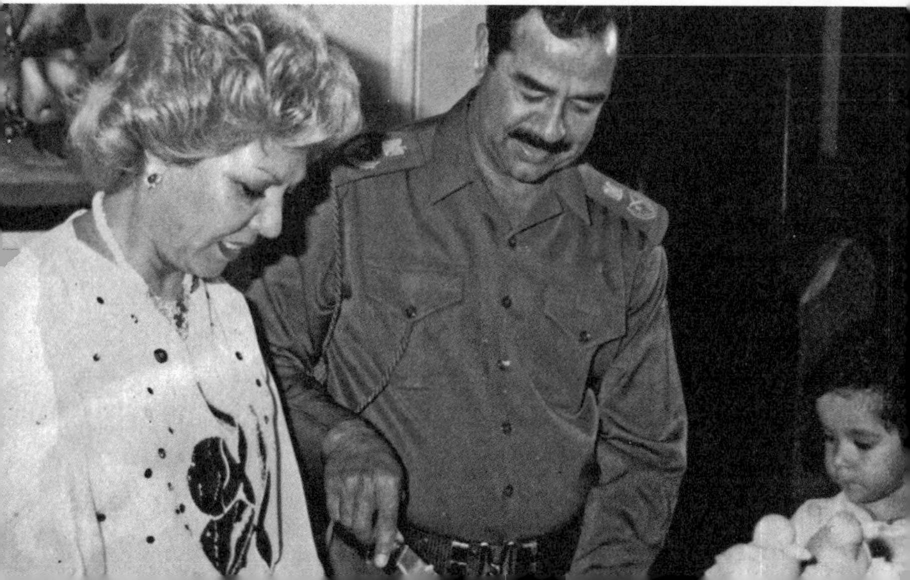

1.

一天，薩達姆．海珊總統邀請朋友搭船遊覽底格里斯河，還帶上幾名侍衛、祕書跟我——也就是他的私人廚師。當時是早春傍晚，氣候很暖和，國內無戰事，所有人心情都很好。侍衛薩利姆跟我說：

「阿布．阿里，坐啊，你今天放假。總統說要做飯給大家，要做烤肉條。」

「放假哩……」我笑了笑，因為我知道海珊的字典裡沒有這個字眼。既然要做烤肉條，我便開始準備烤肉要用的材料。我把牛肉跟小羊肉絞碎，比例各半，跟番茄、洋蔥及香芹和在一起放進冰箱，這樣肉在串到烤肉串上時，才會有比較好的黏性。我準備了一個洗手用的盤子，生好火，烤好口袋餅，用番茄和小黃瓜做了沙拉。直到完事，我才坐了下來。

在伊拉克，每個男人都自認知道要怎麼準備烤肉；即使不會，也沒人會打退堂鼓。海珊也差不多。他所準備的東西，大家基於禮貌都會吃，畢竟沒人會向總統承認他煮的東西不好吃。

我不喜歡他做菜，但轉念一想，烤肉條再怎麼做應該也不會差到哪去。要是肉已備好，就把它插到烤肉串上壓開，再用手指捏緊，然後擺到烤肉架上烤幾分鐘，搞定。

船在河上航行。海珊跟友人開了瓶威士忌，然後去廚房拿肉和沙拉。

我坐在一旁等著看事情如何發展。

半個鐘頭後，薩利姆又來了，端著一盤烤肉條。「總統也幫你做了一盤。」我向他道謝，感謝總統的慷慨，接著掰下一塊肉放進口袋餅，咬了一口，然後……然後我整個人就突然著火。

水，快，水！

我把水灌下肚，沒用。

再喝一口。

還是沒用。我整個人依舊辣得不得了，兩個臉頰著火似的，就連牙齦也是，眼睛也開始分泌淚水。

我嚇到了，心想：「這是毒藥嗎？可是，為什麼？怎麼會？還是有人想要毒殺海珊，卻被我吃下肚？」

喝口水。

＊（前頁圖說）海珊與元配賽吉妲、女兒哈莅一同料理食物。©Getty Images

我還活著？

喝口水。

還活著……，看來這不是毒藥……

如果是這樣，他在搞什麼名堂？

我足足灌水灌了十幾分鐘，才去掉口中的辣味。

就這樣，我得知有一種醬叫做塔巴斯科辣椒醬。

那是海珊收到的禮物，而他不喜歡辣的東西，所以決定開個玩笑，把它試用在朋友身上，隨員也不例外。與此同時，我們整船人都忙著找水喝，好洗掉辣椒醬的味道，而海珊則坐在一旁，開懷大笑。

二十分鐘後，薩利姆回來問我味道如何。我怒氣沖沖地回嗆：「如果是我這麼糟蹋肉，海珊會一腳踹在我的屁股上，要我賠錢。」

海珊有時的確會這麼做。如果有東西不合胃口，他就會叫人賠錢。賠肉錢，賠米錢，賠魚錢。這時他就會說：「這根本不能吃。你得付我五十第納爾*。」

所以，我也是這麼對薩利姆說。只不過，我沒想到薩利姆會把我的話轉述給總統聽。當海珊向薩利姆問起我的反應，那傢伙回答：「他說要是他煮這種東西出來，總統就會一腳踹在他的屁股上，要他賠錢。」這話還是當著海珊所有客人面前說的。

海珊要薩利姆把我帶過去。

我嚇死了，心裡慌得不得了，不知道海珊會做何反應。沒有人會批評他，沒有人會這麼做。部長不會，將軍不會，更別說一介廚師。

就這樣，我來到海珊面前，心裡很氣薩利姆把我供出來，也氣自己講話不經大腦。海珊跟他的朋友坐在桌前，桌上還擺著烤肉條跟幾瓶開過的威士忌。有些人眼睛還是紅的，看得出來他們也試了塔巴斯科辣椒醬。

「聽說你覺得我的烤肉條不好吃。」海珊口氣嚴肅。

不管是他的朋友、侍衛，還是祕書，所有人都看著我。

我越來越害怕。我不能突然開始稱讚他的菜，這樣大家會知道我在說謊。我開始想我的家人，想我的妻子，想她在做什麼，想孩子們是不是已經放學回家。我不知道接下來會發生什麼事，但我的心裡已經有準備。

「你覺得不好吃……」海珊又說了一次。

---

* 伊拉克的貨幣單位。

然後，他突然開始大笑。

他一直笑，一直笑，一直笑。桌前所有人也開始跟著大笑。

然後，海珊拿出五十第納爾給薩利姆，並且說道：

「阿布．阿里，你說得對，這很辣。這浪費掉的肉錢，我賠。我再幫你做一份烤肉條，但不加塔巴斯科辣椒醬，你要嗎？」

我要。

因此，他為我做了一份沒有塔巴斯科辣椒醬的烤肉條。這一回，味道很好。但我跟你說，再怎麼不會做菜的人，做出來的烤肉條也不會差到哪裡去。

2.

座落於寬廣街道旁的屋舍，以及每隔幾個路口便一座的軍事檢查站，受到炸彈無情摧殘，已無重建可能。金絲雀般黃澄澄的計程車穿梭於街道中。巴格達堅持走紐約風，所以每輛計程車都得是顯眼的熟成檸檬色。

經過將近兩年的尋訪，我的翻譯兼導遊哈山替我在這裡找到了海珊的廚師。這名廚師叫阿布．阿里，是海珊廚師中唯一一位還在人世的。有很長一段時間，他都很害怕美國人會因為他替他們的重點敵人煮飯，對他展開報復，多年來都不願跟任何人提起那位獨裁者。哈山花了將近一年，才說服他開口。

最後他同意見我，但也定下幾個條件：我們不會在城裡走動，不會一起做菜，也不能去他家裡拜訪（最後這一項是我提出的要求）。我們只會關在我飯店的房間裡幾天，而阿布．阿里在這一段時間裡，會把所有他記得的事都說給我聽，就這樣。

「他還是很害怕。」哈山解釋道，但很快又補了這麼一句：「不過他想幫忙，他是個好人。」

就這樣，我們在飯店裡等待他的到來。哈山很自豪自己陪過各國記者去伊拉克大小戰事的各個前線採訪，從美國人入侵伊拉克，到伊拉克內戰，再到伊斯蘭國戰爭等，每位記者都毫髮無傷。為了避免我讓這完美的紀錄蒙上污點，他嚴格禁止我獨自外出，就連過馬路到對街也不行。

我沒把他的話當一回事。我飯店旁邊就是捷豹的汽車展示中心，再過去一點是一間大型百貨公司。街上到處都是帶槍警察與保全。這座城市看起來很安全。

但哈山卻提醒我：「我知道大家都笑得和藹可親，但你要記住，這裡面有百分之一的人是壞人。非常壞的人。從歐洲隻身前來的記者對他們來說是容易下手的目標。我不在的時候，不管哪裡，我再說一遍，不、管、哪、裡，你都不能自己去。就算是我們兩個一起行動，也一定要搭有牌的計程車才能出門。」

他還說這裡以前常常會綁架外國人，而那也不過才幾年前。通常只要外國人的公司付了贖金，他們馬上就會放人，但也有些人就真的一去不回。

我是自由記者，連個幫我付贖金的人都沒有。

即便如此，本性難移。我沒辦法乖乖待在同一個地方，所以哈山一回家找老婆，我就出門到我住的這一區來趟晚間漫步。我走過幾間清真寺和服飾店，經過幾名賣火烤瑪斯古夫的小販；瑪斯古夫是當地的鯉魚品種，伊拉克人會用大型火堆烤來吃。接著，我走到當地一家咖啡廳吃冰淇淋。我還跟一位賣水果的小販聊了幾句，他為了齋戒月的結尾特別栽種了水果。我的行為舉止跟去別的國家、在別的旅途中沒有兩樣。我看哈山未免過度緊張了。

回到飯店，夜已深，我還花了許多時間記錄這次散步的種種，過了半夜才深深入睡。

兩個鐘頭後，我被一聲可怕巨響驚醒。不一會便聽見警笛。飯店把燈光和網路都關了。

直到早上我才知道，離我飯店不過幾百公尺遠的地方發生自殺攻擊，奪走三十多條人命。

3.

隔天哈山遲到了兩個多小時。攻擊事件過後，全城進入高度戒備，到處有警察盤查。交通大亂，各地都堵得水洩不通。好在阿布・阿里也遲到了。我跟哈山兩人一同在飯店大廳等他。

「這種生活很可怕。你永遠都不知道什麼時候、什麼地方又會有炸彈爆炸。」我的嚮導嘆口氣：「自從海珊被推翻後，國家陷入一片混亂。許多從前的軍官與特務都加入不同的準軍事團體，指望最終能成為伊斯蘭國的一份子。別看現在的伊斯蘭國很弱，之前大家都認為伊斯蘭國可能威脅到巴格達，而那也不過才十幾個月前的事。」

伊拉克有許多城市是外國人去不得的。比方說，我想去看海珊長大的城市提克里特，但哈山警告我那是個很危險的地方。

「你得要有嚮導幫你買通掌控城市的武裝份子。即便如此，還是有可能出狀況。」他解釋。

阿布・阿里在這時出現，我們的談話也跟著中斷。我們用伊拉克的方式打招呼——親對方的兩邊臉頰。對方穿著西裝外套，裡頭是一件高領上衣。他一頭灰髮，有點小肚子，笑容可掬。我腦中閃過一個想法——我現在握住的這雙手，就是多年來餵養二十世紀獨裁巨頭的那雙。然而，我們沒有時間慶祝這一刻。阿布・阿里看起來很慌張，顯然很不自在。他不想被人看見自己受訪，也不想因為自己跟外國人說話而被人探究身分。因此我們拿了一大壺新鮮柳橙汁、水、菸灰缸及零嘴，搭電梯上二樓房間。我拉上窗簾，按下了錄音鍵。

阿布・阿里：

我出生在一座離巴比倫遺跡不遠的城市，叫做希拉。等我大了點後，父母便把家搬到巴格達。父親在巴格達這裡開了一家賣食材的小店，而他兄弟當中一個叫阿巴斯的，則是開了家餐廳。

是阿巴斯帶我進廚房。我學會怎麼做最經典的伊拉克菜：烤肉串、肉丸、葡萄葉包飯和羊雜湯。烤肉串是指將事先醃過大蒜及調味料的肉塊用火烤後，搭配米飯或做成三明治食用。肉丸是用絞肉、番茄及布格麥捏成的肉球，以湯品的方式呈現。葡萄葉包飯是把肉跟飯混在一起，用葡萄葉包起來。羊雜湯是指用綿羊頭，搭配羊腿跟部分羊胃熬煮出來天上湯品。這三種食材每樣都是分開烹煮，事前得確實洗乾淨，煮的時候要隨時撈掉油沫與浮渣。接著把羊胃的皮做成小袋子，在裡頭塞入切成丁的肉塊。羊雜湯一般用小火慢煲，幾乎不放調味料，最多可以加一點點胡椒、鹽、檸檬汁和醋。最後再把這三種高湯混在一起，加入塞了肉的羊胃袋。這當中最細緻的美味非羊眼莫屬。

我菜做得挺好的，客人都喜歡我，而我也喜歡自己的工作。不過幾年之後，我知道自己在阿巴斯這裡已經學不到什麼，也沒辦法賺更多錢。我還年輕，想買台車，所以我沒得選擇，只能另謀高就。

我在報紙上看到城裡最大的巴格達醫療中心在招聘廚師，便去報名。他們只問了我一個問題：我有沒有辦法煮三百人份的米飯。

我有沒有辦法？這是我這幾年來每天都在做的事！

我被錄取了。我買了一台車，但幾年後這份工作也不再能滿足我。我開始物色別的工作。我在一家五星級飯店找到一份薪水很不錯的工作。我本來已經要開始上班，但軍隊突然想起有我這個人，所以飯店的工作沒能去成，改去了伊拉克北部的艾比爾。那裡住的都是庫德人，而被他們尊稱為穆拉的木斯塔夫（庫德人的主要領袖之一），當時剛好在那裡起義。

我沒進飯店工作，反倒上了戰場。

4.

我們跟庫德人的交戰主要都在山區。他們派我帶機關槍過去。我對此並不開心，因為我當年只有二十幾歲，對庫德人沒有任何怨懟，更別提要我跟他們一起戰死沙場。

因此我向部隊裡的那些長官說，我在巴格達是個廚師，做菜做得比開槍好。部隊裡的士兵有好幾千人，但好廚師可就不多了。其中一名軍官跟跟另一名軍官討論了一下，然後那第二名軍官又跟第三名軍官討論。原來有位名叫穆罕默德·馬拉伊的長官，他對軍中伙食很不滿意。他沒有廚師，是由副官幫他煮飯。

馬拉伊立刻叫我去前線找他。伙食採購對他來說是個大問題，村裡的農夫都跑光了，沒有地方能取得食物。

於是，當我的同袍在前線對抗庫德人時，我則每天開車去單程兩小時外的艾比爾，就只為了在那裡買點東西。這做法非常危險，我隨時都可能遭到庫德人射殺。

在野地廚房裡要煮出美味的東西，幾乎可以說是奇蹟。熬了幾個禮拜後，我小心翼翼地試探馬拉伊，問他能否讓我住在艾比爾。在那裡，我可以在正常廚房裡正常做飯，再把做好的飯送到前線。

馬拉伊認為這個主意非常好。

於是，我搬去了艾比爾，每天有司機接送往返前線與後方。我替馬拉伊盛湯、盛沙拉，替他把肉溫熱。坐在帳篷前的我，頭上常常有子彈飛過。我當時害怕嗎？不。當你每一刻都有可能喪命的時候，久而久之也就習慣成自然了。你的心思會放在下一頓飯的鴨子或魚要去哪找，而不是死神可能找上門。

直到有一天，役期結束，我便告別馬拉伊和同袍兄弟，搭軍車去北部橫跨底格里斯河兩岸的城市摩蘇爾，再從那裡搭火車回巴格達。我坐上火車，從戰場回家，就這麼簡單。這是一段很特別的經歷。當我多年後已經在為海珊工作時，我仍舊會訝異於自己能在安全的巴格達坐上車，幾小時後就置身讓人喪命的戰場。

不幸的是，在我回去後，飯店的工作已經沒了。不過馬拉伊的一名副官提點我，要是我想在好飯店工作，應該去找觀光部。「他們會招聘廚師去全國的國營飯店工作。」他還給了我一個名字，那是他的熟人，可以幫我。

就這樣，從戰場歸來的兩個月後，我便進了一家國營的大飯店「和平宮」，上一門特地開設給廚師的特殊課程。

5.

法式燉羊肉這道菜由羔羊、小番茄與經高湯熬煮過的馬鈴薯組成，味道十分可口。我至今仍記得老師為我們示範的樣子。那對我來說是個巨大的發現——羔羊是我們伊拉克人最喜歡的肉，而一直以來我都只知道一種烹飪方式，沒想到還可以有這樣的做法。

我們總共有兩名老師：來自英國的約翰與來自黎巴嫩的撒拉赫。約翰教我們肉類的烹調方式與歐洲菜，撒拉赫教我們製作甜點與阿拉伯菜。我們做了雞肉捲、巧克力慕斯、蛋糕及法式鹹派。

課程結束時，所有的項目我都拿到最高分，但老師沒把我派去夢寐以求的飯店工作，反倒認為我最好留在學校，去幫新學員上基礎課程。除此之外，我也成了觀光部底下的一名廚師。

我加入的是伊拉克最頂尖的廚師團隊。我們負責部長、議院主席、總統、國王等所有官方訪團的膳食。當時約旦國王到訪伊拉克，不久又來了摩洛哥國王，這讓我心情非常激動，因為一直以來我做飯的地方不是醫院與前線，就是阿巴斯伯伯的餐廳，怎麼可能想得到自己有一天會為各國國王做飯？

不過我常常不知道自己做的餐點是要給誰吃。廚師就像軍人，最好別想太多，一個口令一個動作就好。

某天，我跟同僚尼薩接到不尋常的任務：上頭要我們使盡渾身解術做出最漂亮的蛋糕。我們花了兩天兩夜，用鮮奶油把海綿蛋糕組成一個邊長兩公尺的正方形，再疊成三公尺高，然後把這個基體做成古美索不達米亞。我們在蛋糕上挖出廢墟，上頭有用杏仁膏打造河流、樹木及棕梠，還有水果做的動物。我們用杏仁花裝飾蛋糕外觀，並在裡頭用椰子粉做成瀑布。

兩天後，我們在電視上看見了我們的蛋糕。切蛋糕的是海珊總統本人。那是他的生日。

6.

接下來每次等待阿布．阿里到來時，哈山都會跟我說外星人的事來消磨時間。

「你儘管笑，沒關係。我已經很習慣人們不相信我說的話了。不過他們真的存在，而且真的對我們很感興趣。他們之所以會飛來這裡，就是為了要觀察我們。看得見他們的人沒幾個，我就是其中之一。每個我去過的戰場上，我都看見他們站在一旁，觀察我們在做什麼。」

「他們友善嗎？」我狐疑地問。這問題我不得不提，因為對於一個正在跟你透漏自己每天都能看見飛碟的人，不提問似乎非常不禮貌。

「對。他們知道我看得見他們，有幾次還救了我的命。他們很同情我們，不想我們喪命，也不想我們自相殘殺。」

我的腦中閃過一個想法——也許有人可以為這男人寫一本很棒的書。這個男人見過的壞事是如此之多，以至於不得不在腦中理出一套屬於自己的道理，因此開始看見外星人。過了一會兒，我在腦中訓誡自己，也許他是真的看見他們了？只是我跟我愚蠢的理智不願意相信？這一刻起，不管哈山說什麼，我都支持。

但我不是為了外星人而來，我於是開口：「跟我說點海珊的事吧。」

我的嚮導點點頭說：「他是個王八蛋，在提克里特出生，那裡從前就是盜賊和走私販子的城市，也是十二世紀建立埃宥比王朝的偉大阿拉伯領袖薩拉丁的出生地，城裡的人向來對此引以為傲。海珊從小就崇拜薩拉丁，深信自己會是伊斯蘭世界的下一任領導者，相信不管發生什麼事，阿拉都會指引他。或許就是因為他對這個想法相信過頭，才會落得那般下場。

無論如何，他的事業成就依舊讓人稱奇。伊拉克有些村子至今仍恪守中世紀法則，他的父親拋下他大著肚子的母親這件事，想必讓他們的日子過得很辛苦。」

哈山的說法，在這名伊拉克前總統的每本傳記裡都能得到印證：海珊從一出生就必須成為最強的。他的母親莎布哈在與他的父親離婚後，與一名人稱「騙子」的男子在一起。那人似乎到處吹噓自己去過麥加朝聖，不過所有人都知道這並非事實。「騙子」不是有錢人，只有幾頭驢和兩三隻綿羊，竟想出讓繼子來為他添增財富，所以沒把小男孩送去上學，而是要他四處偷竊。「有些人說他之所以會偷雞或雞蛋，是為了要給家人（或說繼父）填飽肚子。其他人則說他賣西瓜給火車上的乘客——從摩蘇爾開往巴格達的列車，中途會在提克里特停留。」[1]一名海珊傳記的作者寫道。

不僅如此，「騙子」不斷羞辱還是個男孩的海珊，要他跳舞，沒來由便會揍他一頓。要不是有舅舅土爾法，海珊想必最後會變成一個不怎麼樣的小賊。他舅舅飽覽群書、熱衷政治，儘管家裡已有一班孩子，依舊把海珊納到羽翼底下。海珊直到開始在舅舅家生活，才知道在他的伊拉克小村莊外，還有一片廣大的世界。他舅舅與民族主義者交好，甚至寫了一張標題為「上帝不該創造出的三樣東西：波斯人、猶太人與蒼蠅」的傳單。雖然這名海珊的新照顧者眼界也不是特別開闊，但藉由與他的接觸，喚起了海珊對世界的好奇心。

幾年後，舅舅因密謀造反遭到逮捕，海珊不得不回到母親與繼父身邊，但他始終認為舅舅的孩子，尤其是舅舅的兒子阿德南，才是與他最親近的朋友。舅舅讓他知道了什麼叫家。

就這一點，海珊感謝了他很多年。

7.

起先，我並不知道自己要為海珊工作。

是名叫沙伊・朱哈尼的服務生告訴我，我得去城外一座宮殿報到，那裡離機場不遠。他說那裡有份額外的差事在等著我。

我沒有多想，因為觀光部每隔一段時間就會指派額外任務，比如有哪個外國部長來了，又或者是有哪團訪賓到了，再不然就是有人生日，得給對方做些糖果、糕點。我沒有臆測這回又要做什麼，而是直接搭車前往目的地。到了之後，有人放我過管制閘門，有人檢查我是否攜帶武器。接著有個人出來接我，說他叫卡米爾・漢納。對方跟我握手後開口：

「阿布・阿里，有件事你得知道，我的單位負責護衛海珊總統安全，等下就帶你去見他。」

「什麼?」我以為對方在開玩笑。

「等一下我會帶你去見海珊總統。」對方認真地複述。「接下來發生的事,總統跟你說的話,全都是機密。」

我不敢相信自己的耳朵。我在部裡工作了很多年,從未聽聞有任何人幫總統煮飯。我怎麼會突然就跑到那裡去了?我一點頭緒也沒有。

我得簽一份切結書,說我無權將在海珊家裡看見的任何東西告訴別人。切結書上還寫到,如果我違背誓言,就得接受絞刑。

接下來的發展有如電光石火。踏進宮殿不到十分鐘,我人已經站在了海珊面前。我腦中開始拼湊出一些線索。半年前主管請我寫一份履歷,要我填寫所有一起工作過的人及我的家人姓名。當時我還得去警察局申請良民證,跟履歷一起交上去。警察找上我父親與阿巴斯,問我是怎樣的人,有沒有常喝醉,喝醉後會不會鬧事,會不會跟人打架,有沒有跟外國人、庫德人或宗教激進份子接觸,有沒有過法律糾紛。最後,他們還問有沒有客人曾投訴我下毒。他們也去了醫院,跟我的朋友談過。

當時的我以為這很正常,畢竟我要為各國國王煮飯,他們勢必得問這些問題,免得後來發現我其實是個瘋子。

現在想來，他們當時就已經準備要把我派去海珊那裡當廚師。所有人在好幾個月前就開始悉心準備，只有我被蒙在鼓裡。海珊行事喜歡出人意表，也因為這樣，他總是佔有優勢。

然而，我當時對此根本一無所知。這一天，我意外站到了總統面前。他看著我，問道：

「你是阿布・阿里？」

「是，總統。」我幾乎說不出話。

「很好。給我做一份炭烤肉串。」

我向總統行了個禮，然後走向廚房。

8.

卡米爾・漢納陪我去廚房。後來我才知道，他父親也是海珊的廚師，但準備要退休，而我就是要來取代他父親。本來這是幾個月後才會發生的事，不過總統的另一個廚師生病了，所以漢納只來得及把我全身掃過一遍，就決定提前讓我上工。

一整天，他都陪著我，跟我說這個地方的故事，說在海珊底下工作是什麼樣子，而我則邊聽邊做炭烤肉串。你要把肉切成丁，撒上鹽和胡椒，然後像串烤肉一樣，把肉串好，放到火上烤。我還用番茄與小黃瓜做了沙拉，好搭配炭烤肉串。半個鐘頭後，一切都準備就緒，卡米爾把菜端給海珊。再過二十分鐘後，他回來了。

「總統要你過去。」他說。

對廚師來說，跟剛吃過自己做的菜的人說話，是一件很尷尬的事。如果這人還是一國的總統呢？簡直尷尬兩倍。

不過海珊很滿意。

「阿布．阿里，謝謝，謝謝你。你的確是位很好的廚師。」他稱讚我，不過炭烤肉串也不是多複雜的料理就是。

然後他給我一紙信封，裡頭有五十第納爾。按今天的幣值來算，大約是一百五十美金。

「我希望你會同意為我工作？」他接著問。

我行了一個禮，想都沒想便答：

「當然，總統先生。」

我可以拒絕海珊嗎？我不知道，但我寧願不要知道答案。

9.

就這樣，我沒實現在飯店工作的夢想，反倒成了總統的廚師。

我們管海珊住的地方叫「農場」。那裡正在蓋他的官邸，但那時海珊還沒開始大肆興建巨型宮殿。那塊地很大，上頭也真的有一座農場：來自提克里特的人在那裡養雞、山羊、綿羊和乳牛。屠夫吉亞德和他的四名助手每天都會殺掉一頭羔羊和幾隻雞，讓我們有新鮮的肉可吃。那裡有種椰棗，也有一座菜園和一座小湖，每當海珊想吃火烤瑪斯古夫時，就會有人去湖裡抓魚。他很喜歡烤鯉魚這道菜。

農場是一個很舒服的地方。

這裡的廚師總共六位，再加上當中有兩人一直都是為海珊的妻子賽吉妲工作，可說是我工作至今人數最少的團隊。賽吉妲是海珊的舅舅土爾法的女兒。這兩名廚師，一位叫沙奇爾，是上一任總統貝克爾的總廚。海珊並沒有解雇他，但似乎也沒完全信任他，所以讓他跟第二位廚師哈畢布一起為第一夫人服務。我大概每幾個禮拜才會見到他們一次。

賽吉妲有自己的住所，雖然心裡懷疑丈夫不忠，但丈夫一直都在工作，幾乎沒回家，所以她一定什麼都不知道。為了保險起見，賽吉妲總是氣呼呼的，只要有機會便出國旅遊、大肆採購。

剩下的四名廚師，也包括我在內，分兩班制輪流上工，一天工作，一天休息。跟我輪同一班的是馬可斯．伊薩，出生於庫德自治區的基督徒。卡米爾．漢納常常來找我們，他很喜歡我。我從他們那邊得知，我因為炭烤肉串而得到五十第納爾並非特例。海珊在他心情好，想要其他人也跟著覺得滿意的時候，就會左右發錢。你在這種日子裡做了他覺得好吃的東西，對吧？所以你就拿到了禮物。

我跟馬可斯會把拿到的小費平分，一人一半，誰也不佔誰便宜。要是我有拿到額外加給，就會把一半分給我的替手，而他也跟我一樣。

因此，為海珊工作要費很多功夫猜測，猜他哪天心情比較好，趁機煮他特別喜歡吃的東西，其他的日子裡則不要礙著他的眼。不，我並不害怕他會對我做什麼不好的事。但要是我在他心情不好的時候，煮他不喜歡吃的東西，他就可能會要我賠肉錢或魚錢給國庫。這種事發生過非常多次。比方說，他吃了什麼東西，覺得太鹹，就會叫我過去。

「阿布．阿里，誰做炭烤肉串會他媽的加這麼多鹽？」

碰上他想找碴的話，不管是歐姆蛋，還是他特別喜歡的秋葵湯，做什麼都沒差。他會抓著鹽這一點興師問罪，但我還沒來得及回答，他便厲聲斥道：

「你要把這些錢賠給我。卡米爾，你幫我看好了，一定要叫他賠五十第納爾。」

通常他的指控都不是真的，只不過是他心情不好，所以到處遷怒。不過這錢可不得不賠。我跟馬可斯兩人甚至開玩笑，每次廚房裡要我們其中一人要去見總統的電話響，馬可斯會在還沒接電話前就先大喊：「五十第納爾——！」

不過等過幾天海珊的心情比較好後，就會想起他扣我薪水，然後對卡米爾．漢納說：「我們的阿布．阿里今天做的小扁豆湯很美味，鹽加得恰到好處。把你上次拿走的錢還給他，再另外給他五十第納爾。」

我們做的湯味道大概都差不了多少，不過海珊就是這樣的人。你永遠不會知道他要出什麼招。有時他會罰我們錢，有時他會還我們錢。每到月底，我所領到的錢總是會比原本的薪水多。

每年我們都會收到兩件義大利裁縫師特別製作的全套新衣。我們也會拿到廚房用的服飾——圍裙與高、矮廚師帽，以及兩組有背心的全套西裝。有時海珊出國時會帶上我們，我們看起來得夠稱頭才行。每年都有一名裁縫從義大利遠道來皇宮，替為海珊工作的所有人量身，然後回去他的工作坊製衣，再空運過來。

還有一件事說出來你一定會很嫉妒：海珊每年都會為我們買一輛新車。每一年的款式都不同，三菱、富豪、雪芙蘭的 Celebrity 等車款我都拿過。每年的這一天，行政人員就會拿走我們原本的車鑰匙，然後把新車的鑰匙交給我們。不會有人問你什麼，你就是去上班，然後下班時車庫裡就有輛新車在等你。

10.

為了讓我更瞭解海珊時期的故事，我們還跟一位住伊斯坦堡，名叫哈撒恩・亞辛的人見面，他是伊拉克出身的醫師。我們坐在伊斯坦堡有名的獨立大街上一家咖啡店裡，亞辛給我看一名七歲小男孩把鮮花獻給海珊的照片。

「他來參觀我的學校。」亞辛回憶道：「我母親是副校長。那在當時是一份很大的榮幸，我興奮得一整個禮拜都睡不著覺。當時我還不大知道他的事。對我來說，他就是一個在電視上跟鈔票上可以看到的先生。」

幾年後，亞辛的母親上了海珊的黑名單，因為她私底下批評伊拉克與庫德族的戰爭。她有位遠房親戚是特務軍官，曾警告過她可能會被逮捕，所以她便帶著兩名兒子及生活必需品，快速逃往土耳其。她並沒有把出逃一事告訴丈夫——她的丈夫是復興黨成員，十分擁戴海珊。

「後來我便再也沒見過我的父親。」亞辛說：「父親遭人懷疑事先知道我們要逃走。他好像開始酗酒，一個月後便過世了。官方說法是交通事故，但我認為是伊拉克的特務組織殺了他。」

「那麼你怎麼看海珊爬到如此高位？」

對於這樣的問題，亞辛早有自己的一套說法。

「他是個無情的人，把史達林當作榜樣，喜歡讀史達林的傳記。他認為自己就像在下西洋棋一樣，總是早幾步布局。自從涉足政治，他就從不退縮，連半步都沒有。」

海珊也是出了名的殘忍。復興黨把他擺到維安組織的最前線，負責刑求政敵，或是肅清黨內。為他寫傳記的人都會提到，他用裝滿石子的塑膠水管鞭打囚犯，或者是將玻璃瓶塞進囚犯肛門，再一腳踹碎。

「父親每次提到海珊的組織，心裡總是懷著最高的敬意。」哈撒恩．亞辛說。

這名獨裁者成立了一支祕密警察叫「思鄉組織」，其所招募的成員全出自提克里特，也就是海珊的宗族。

「海珊藉由這個方式，鞏固部下對自己的忠心。」亞辛說：「宗族在伊拉克是很神聖的。海珊負責刑求，也在不知不覺間確立了自己在黨內的地位，這也是他向史達林學來的——史達林深諳大權在握卻保持低調的道理。「在列寧過世後，眾人才驚覺史達林的權力竟大過托洛斯基。海珊也採用類似的策略，等到眾人發現他的影響力時，已經無法打壓他了。」

一九六八年，復興黨第二次掌權，由海珊的遠房表親哈桑·貝克爾出任總統，海珊則成了伊拉克的副總統，而他當時才三十出頭。一直以來，他都負責肅清工作。一九六九年，他殺了幾十名伊拉克猶太人，同年軍隊對庫德族進行血腥鎮壓（海珊未來的廚師阿布·阿里想必就是在這段時間於軍隊服役）。

一九七〇年至一九七二年間，海珊與什葉派作戰。

一九七四年，肅清的範圍擴及共產主義者和復興黨的其他敵人，包括激進程度不一的右派份子。

海珊不只奪人性命，對人嚴刑拷打，還打從心底相信「人民只要填飽肚子，就不會發動革命」這句格言，思索該如何填飽伊拉克人的肚子，讓他們不會想要推翻復興黨。他認為是時候將伊拉克的石油全部國有化了。從那時起，開採石油所賺取的金錢，不再像以往一樣被西方企業納為己有，而是進到了每一個伊拉克人的口袋。

「貝克爾總統患有糖尿病，形同他的傀儡。」哈撒恩・亞辛回憶。一九七七年，海珊進一步把軍隊領袖全換成自己的派系。兩年後，他全面接掌國家權力。

11.

我是在兩伊戰爭期間開始為海珊工作。我們常去前線，海珊都是搭普通軍用車。若他想在前線過夜，便會留在離前線不遠的營區，從來就不會要求任何豪華的待遇。

這些前往前線的日子，讓我想起自己當年待在軍隊的時光。早上上班的時候，有人（通常是卡米爾・漢納）會說：「把東西收一收，我們要去戰場。」我只能開始打包，若還有一個小時或更久後才出發，我會先準備部分食材，這樣到了後就可以少做一些事。在戰場上用的通常是野戰炊膳車，做起菜來會困難許多。我會盡量把能做的先做，至少先把米飯煮好。

我們總是驅車前往。下車後海珊會去視察兵士，而我則留在較遠的後方，搭好廚房，完成之前預備的菜餚，又或者是生火做碳烤肉串、烤肉條或烤魚。

總統想親自下廚，展現自己有多照顧底下士兵。我們開始架廚房，總統會在這時為士兵煮好一鍋飯（我事先當然已經稍微煨過），然後再淋上醬汁（也是我事先做好的）。不過海珊常常把飯煮焦，因為他這頭跟哪個軍官多說了兩句話，那頭又有人請他擺姿勢照相（海珊很喜歡照相）。再不然就是他一邊煮飯，一邊說話，結果把一公斤的鹽整包倒進鍋裡。他會把這些燒焦或太鹹的米飯盛給士兵吃，而他們全都得吃下肚，畢竟這可是總統的心意。

我們有一口鍋就是專門用在這種視察的時候，鍋大底厚，這樣飯才不會燒焦。即便如此，我們還是每出幾趟門，就得換一次鍋子。

要是海珊直接前往前線，他們就會提前幾公里把我放下，讓我在那邊備膳，再派車把做好的菜飯送去，就像我之前在部隊那樣。

有時也會碰上危險。有一回，海珊去視察一支十幾個小時前才打贏伊朗的部隊，沒想到伊朗人竟突然反攻。伊朗最高領袖何梅尼說服伊朗人，凡是戰死沙場者，即便生前不是伊斯蘭教信徒，沒有恪守教條，死後也能上天堂。這讓伊朗人在反攻時異常神勇，他們對伊拉克痛恨至極，也相信自己若戰死沙場，就能在天堂醒來。所以個個都高聲吶喊，發瘋似地往前衝。

我們所有人都慌了。有一部分的士兵開始還擊，但另一部分的人——說來慚愧，也包括我在內——則開始逃命。我把鍋子一扔，拔腿就跑。如果繼續留在原地，我敢肯定只有被射殺的份。

今天，關於海珊的事眾說紛紜，比如有人說他是個懦夫，從沒以一個軍人的身分參加過任何一場戰役，每次都只會派別人出去。

但我見過海珊的樣子，見過包括我在內的所有人都急著逃命時，他的反應是什麼。

他挺住了。

危機解除後，我低著頭回來。海珊依舊站在我最後看到他的地方，跟士兵討論情況。不管是我，還是那些逃走的士兵，他連正眼都沒瞧一眼。據說他後來槍決了其中幾名逃兵。我不知道這是不是真的，但我沒有碰上任何問題。我把鍋子擺回去，火還微微燒著，鍋裡的米全撒在地上；我得重新再煮一次。

我跟馬可斯說了事情的經過，他只是聳聳肩說道：「阿布．阿里，你做得非常好。你的工作不是拯救總統，那是總統侍衛的責任。我們的任務是煮飯。要是你跑去做別的，反倒可能壞事。」

他說得對。

12.

我幾乎是剛開始為總統工作的時候，就認識他的夫人賽吉妲。我已經說過他們老是吵架，賽吉妲對他是能避就避，不過海珊希望我能學會怎麼煮他最愛的湯——提克里特的魚湯。只有賽吉妲知道該怎麼做，味道才會跟他們孩提時在賽吉妲娘家吃的一模一樣。

因此，賽吉妲來到農場，告訴我該準備哪些東西，然後進廚房跟我們一起站在爐子前。

這種湯相當特別，只有提克里特的人知道；不管是在這之前，還是之後，我都沒在其他地方嚐過。海珊叫它賊魚湯，因為聽說提克里特的盜賊都煮這種湯。這湯會用油脂最多的黃鰭亮鮰來做，不過我知道也可以用其他的魚，像鮭魚或鯉魚來做。

煮的時候，得將魚切成兩公分寬的塊狀，然後裹上麵粉。鍋底先放洋蔥跟少許油，把洋蔥稍微煎一下，然後平平鋪上一層魚，再撒上香芹。接著鋪一層番茄，然後是杏桃乾，再鋪一層番茄、一層魚、一層杏仁，最後再鋪一層魚。

每層的材料順序可以按個人喜好排列，重點是洋蔥要擺在最底層，然後湯裡要加大蒜、香芹、杏仁、杏桃及番茄，也可以加少許的葡萄乾。

一開始要先讓食材出水，等鍋裡傳出滋滋響的時候，代表水已經煮乾，就要倒入滾水淹過最上層的食材。

加水後，再煮十五至二十分鐘。最後可以加一點點薑黃。

這就是賽吉妲教我煮的湯。

今天這世上除了她之外，我是唯一知道這湯該怎麼煮，才對海珊的味的人。

現在你是第三個。

13.

海珊最重要的侍衛及官員都是來自提克里特，甚至連為總統府採購的人，還有他前往伊拉克各城有時會帶上的舞蹈團也是。所有人都是來自提克里特，而且有很大一部分都是海珊或遠或近的親戚。

除了提克里特人，海珊還信任基督徒，所以在廚房工作的人除了我之外，全都是基督徒，主要來自伊拉克北方的庫德自治區。為海珊煮飯的人裡，我是唯一的伊斯蘭教徒，而且跟提克里特沒有關係。我可能真的是一位不錯的廚師，因為我想不出還有其他理由會讓他雇用我在這裡工作。

這些提克里特人都不是好人。我記得他的侍衛薩德、納瑟爾、阿布杜、拉法特、艾哈邁德、伊斯馬、哈德吉、阿克拉姆、薩利姆，還有他的祕書阿布德·阿赫穆德，不管是哪一個，我都不想在天黑之後跟他們碰面。

侍衛有專屬的廚房，我們叫做十四號，因為要打電話給那邊的廚師，就是要撥這個號碼，不過有時他們也會請我們幫忙煮點東西。

這種時候，我都得拒絕他們。總統的廚師就是總統的廚師——我是為國家元首、元首的家人和客人煮飯，而不是替他的侍衛或是勤務裡的誰做菜。就像你不會穿總統的內褲，不會穿他的鞋子，不會開他的車一樣，所以你也不會吃他的廚師做的菜，這就是規矩。不過有時他們知道我又為誰煮了什麼好東西，就會試著說服我，說他們反正不會露口風，而且我們理應互相幫助，要我把菜分一些給他們。

但我從未動搖。規矩就是規矩。

此時他們就會生氣，會出口成髒，我也因此知道這些人不能深交，也不能信任。

海珊的兒子烏代和庫賽也很可怕，尤其是烏代。有一次他開車經過一座城市，見到路上有名女孩勾著一名士兵走。他看上那名女孩，便停車將她擄走，而他的侍衛則把那名士兵帶走。烏代對那女孩做了他想做的事，而女孩過不久便自殺，她的未婚夫也遭到槍決。

烏代可以徒手殺人。要是底下的人做事不合他意，他就會親手痛打對方，最常用的手法就是拿鐵棍打對方的腳底板，我們這裡有位廚師就碰過這種事。那人我認識，他做的菜不合烏代胃口，烏代便把他打得不省人事。

海珊的兩個兒子常待在我們的皇宮裡。烏代每次見我，那眼神好像都在說：若不是他父親護著我們，他會把我們所有人都殺了。

提克里特這一整支宗族裡，只有海珊是好人，真不知道他是怎麼在那樣的環境裡長大。

14.

阿布．阿里一連幾天都很忙，所以我便鼓起勇氣前往伊拉克南部看看。陪同我出門並充當嚮導的是名叫撒以夫的年輕人。他來自伊拉克第一大港巴斯拉，二十歲，下巴留著時髦的鬍子，髮型更是走在潮流尖端。撒以夫平常以刺青為生，是一名真正的巴格達文青。不過他也跟每個文青一樣，被人開門見山問的時候，都會強烈否認自己是文青。

「的確，在巴格達有時會有炸彈爆炸，」他跟我說，「不過南部很安全。我們這裡什麼事也沒有。以前我在巴斯拉有個女朋友，每個禮拜會去找她兩次。」

即便是一天到晚小心謹慎的哈山，也說我們在南部應該很安全。

就這樣，我們出發了。

我們從巴格達坐黃色的共乘計程車去希拉，也就是廚師阿布．阿里出生的城市，那裡可以看古巴比倫的遺跡。計程車司機穿著一件灰色毛衣與黑色仿皮外套。當時正值冬天，伊拉克的氣溫降到十五度以下，這裡的一切全都凍結了。

「他是做什麼的？」司機邊把嚼剩的向日葵籽吐到窗外邊問撒以夫。

撒以夫向他解釋我在訪問海珊的廚師，想去看看伊拉克在推翻海珊與經歷戰爭後是什麼模樣。

「跟他說我在等下一位海珊出現。」司機再度朝窗外吐口水。「我希望能活到這一天。」他又補了這麼一句，另外兩名共乘的乘客也點頭附和。

「為什麼？」我驚訝地問。

「如果海珊還活著，就不會有那個伊什麼碗糕國。」他要講的想必是伊斯蘭國，而在我們談話的當下，伊斯蘭國的疆界其實就在離我們兩百公里遠左右的地方。「在海珊時代，只要是壞蛋，就會馬上被抓去關，不會有現在這些狗屁倒灶。海珊還活著的時候，所有人都說他只會送我們上戰場，自己則在那邊蓋宮殿。我也跟伊朗打過仗，當時只有十八歲，手掌上還挨了一槍呢。」

司機亮出他手上的疤，給我們看子彈是從哪邊進去，又從哪邊出來。為了讓我們看清楚，他還放開方向盤，而當時車速將近一百公里，感覺挺危險的。幸好他的另一隻手隨即握住方向盤。

我試著掌控情況，畢竟許多書本及報紙都提到海珊是個兇殘的獨裁者，殺害或刑求過很多伊拉克人。不過司機擺擺手，再度朝窗外吐口水，一副懶得搭理。

車上另外兩名乘客也站在他那邊，兩人都是年過六十的男性。

自稱是能源工程師的乘客說：「海珊掌權時我還是個毛頭小子，當時巴格達有一半的年輕女孩都穿著迷你裙在街上走。我們那時的生活過得像歐洲。現在呢？她們有一半都穿伊斯蘭教的衣服，全身包緊緊，沒有哪個女孩穿迷你裙出門。這真是太悲哀了。想看年輕女人的大腿，就只能上網找。」話剛說完，他八字鬍底下的嘴角就跟著微微上揚，看來是想到在網路上的美腿畫面。

「現在管我們的是一群伊斯蘭教的穆拉。」另一名專長是造橋工程師的乘客說。

「想當年我們可是在跟伊朗打仗，現在卻淪到由那些伊朗來的什葉派幫我們選政府。」

司機不再盯著窗外看，重新加入談話。「美國人跟他們的戰爭還真是厲害，讓伊朗這個美國的敵人來管伊拉克。」

我再度試圖掌控情況，沒想到我的巴格達文青撒以夫竟然開口：

「你懂個屁！」他情緒激動地對著我說：「我父親是海珊時代的軍官。對，沒錯，要是有人惹到海珊或他哪個兒子，絕對沒有好下場。但像伊拉克這樣的國家，只能靠鐵腕統治，不然一切都會亂七八糟，就像現在。」

此話一出，似乎連那兩名工程師和司機都感到訝異，畢竟這青年才二十歲，不可能記得海珊，怎麼會那麼推崇他呢？剩下來的路程我們沒再交談，兩名工程師打起瞌睡，只有司機在吐口水的空檔問撒以夫：

「你父親現在在做什麼？」

「他跟你一樣，是個計程車司機。」

「幫我跟他說一聲，我很佩服他。」

15.

海珊早餐通常是吃蛋、魚或湯，不是小扁豆湯，就是秋葵湯。

午餐我們總是煮六七或八道不同的菜，其中固定會有兩道湯品，兩種雞肉料理，還有魚跟燒烤，讓海珊有得挑。

每個禮拜至少會有一次晚餐是吃火烤瑪斯古夫。他很喜歡這道烤鯉魚。要是有幾天沒吃，他就會透過卡米爾．漢納來問我們什麼時候才會為他做這道料理。

海珊只有在一種情況下才會進廚房——齋戒月期間餓到受不了，想讓自己開心一點的時候，因為齋戒要從日出一直持續到日落。不過這種情況很少見。

我們給海珊上菜前，卡米爾．漢納都會先嚐過一遍，如果卡米爾不在，就會是我們兩個廚師當中的一人去試吃。國外送來的禮物也約莫如此。海珊很喜歡葡萄酒、威士忌和古巴雪茄，這些東西都得先經過毒性測試，他的侍衛會把這些東西送去某個實驗室，但細節我就不清楚了。

伙食採購全由海珊的侍衛包辦，而且是海珊極度信任的那些。要是有哪樣東西農場裡沒有，他們就會去市集採買，不然就是已事先通過安檢的地方。不過這些地方在哪裡，採買的過程又是如何，我們廚師都不會曉得。

海珊的身體非常好。我待在農場的那段時間裡，他只有一次覺得不舒服，因此那對眾人來說是件很不尋常的事。為了保險起見，他們把我們所有人都先關起來，由海珊的特勤檢查我們的衣袖裡是否有藏毒。

海珊每年都會去提克里特，不然就是巴格達附近的哪個地區，泳渡底格里斯河。底格里斯河的河道可寬了，而且常有暗流，水流也非常湍急。

伊拉克入侵科威特之後的某一年，美國人開始放消息，說泳渡底格里斯河的不是海珊，而是他的替身。他們說海珊太老，不可能有辦法這樣游泳。你知道海珊做了什麼嗎？幾個禮拜後，他請了大批記者與外交官到提克里特附近。他在眾人面前現身，發表演說，所有人都肯定那是他本人沒錯。接著，他走進河裡，從這一岸游到另一岸，再從對岸游回來。

然後，你知道嗎？大家開始傳那是水裡藏了安有馬達的平臺，把他拉過去的。瞧，人們就是不願意相信，一個人的身體居然可以這樣好。他每天都運動，可壯得很。畢竟海珊在每座行館裡都蓋了泳池，吃早餐前會先去游一下，每天都是。

我為他煮飯煮了很多年，三天兩頭就會碰到他，他總是生龍活虎，從來沒見他生病過。他的確有好幾次心情不好，但生病倒是一次也沒有。

16.

我跟海珊去過許多國家，比如摩洛哥、約旦和蘇聯。我們去莫斯科見戈巴契夫。他們談到武器，因為當時伊拉克正在跟伊朗打仗。

在蘇聯，就連廚師也表現得像超級大國的廚師一樣。我們在一間巨大的廚房裡備膳，裡頭用的是瓦斯爐，而他們每隔一會兒就會挪一下我們的鍋子。這當然是不必要的舉動，廚房裡的空間足夠所有人使用，但他們就是這樣。他們的國家在政治上不斷排除異己，而他們則是在廚房裡排除異己。他們會移動鍋子來佔位子，也佔掉了本來要給我們用的爐火。

當然，每當他們這樣幹，我就會過去把我的鍋子移回原位，不過隔一會兒，又會有俄羅斯廚師再度把他們的鍋子移上我們的爐口，嘴裡還念念有詞。那想必是在罵我們，我不知道，我不懂俄語。

這樣的遊戲持續了幾個小時。

當時我心想，戰爭就是這樣爆發的。每個人都想要他的鍋子離火近一點。

17.

總統的侍衛裡，海珊特別喜歡卡米爾．漢納，因為卡米爾會為他找女人。畢竟堂堂一國總統，可不能親自找個陌生女人，說自己對對方有興趣。卡米爾知道總統的喜好，在巴格達也認識很多人。有時他會載個女子進農場，讓總統能在比較隨意的氣氛下與對方聊天。

我們能怎麼樣？只能隨他去。橫豎我已經跟你講太多。

有一天，卡米爾介紹一個叫薩蜜拉．沙赫班達的女人給海珊認識，那可是個貨真價實的有夫之婦，不過這一點並不妨礙他們倆。

兩人很合拍。薩蜜拉開始幾乎每天待在農場，海珊只要坐車出門，就會帶上她。這是一個天大的祕密，所有的一切都是瞞著海珊的元配賽吉妲進行。就連海珊在兩人交往幾個月後替薩蜜拉和她丈夫離婚，就連海珊跟薩蜜拉結婚，賽吉妲都被蒙在鼓裡。賽吉妲是他舅舅的女兒，而他很感激舅舅。她的弟弟阿德南是國防部長暨兩伊戰爭的英雄。海珊不想跟他們任何一人打壞關係。

薩蜜拉出身巴格達的好人家，家族在十幾年前從波斯（也就是伊朗）來到伊拉克。期間，她的家族幾乎喪失所有的財產，因此薩蜜拉從還是個小女孩的時候，生活就過得很貧困。多虧有父母親的犧牲，她才得以完成基礎學業，進大學深造。成為醫師後，她開始有不錯的收入，可以為父母買吃食、日用品和衣衫。

後來她成了總統夫人，但舉止依舊像個貧困女孩。有時她會在晚上來找我們，跟我們要剩菜。待我們拿出剩菜，她就會把東西全用盒子打包，要司機送去給她的父母。

這舉動讓海珊非常受不了。他對她的家人可是一點也不失禮，替她父母買了一棟新房子，對她的兄弟姐妹也像對我們一樣，一年有一台新車。他確保她的家人金錢無虞，而她第一段婚姻所生的三個孩子也都住在農場裡，國民教育與高等教育的費用也都由他支付。

我再跟你多說一點。她前夫生病的時候，海珊要我們每天為他煮飯，還派司機給他送餐。這你能想像嗎？

薩蜜拉完全沒有任何理由要送餐給父母，只是苦日子過慣了，不懂得如何改變。海珊對她很生氣，老是對她大吼：「哪有總統夫人像妳這樣？要是他們有少什麼，跟我講，我買給他們！」

她會掉淚，而他則繼續鬼叫。

每次這樣爭吵過後，薩蜜拉就會有幾天或是幾個禮拜不來找我們。不過她始終改不了這個習慣，所以會一直等到海珊不在，才又來問我們有沒有剩菜，然後又把東西全用盒子打包，要司機送去給她的父母。

18.

巴格達文青撒以夫陪我去希拉探訪，或者該說是去看希拉城外的古巴比倫遺跡。我們在據說是亞歷山大大帝逝世的地方拍照紀念，也拍了伊絲塔城門的遺跡和各個看守伊絲塔的奇特神像。巴比倫雖是人類文明的發源地之一，政府多年來也試著將它登進聯合國教科文組織的世界文化遺產名錄，卻總是不得其門而入。一切都是海珊的緣故。他要人整修城門，卻違反了整修這種等級的古蹟該遵守的所有規定。他把城牆重蓋，還把嵌有他名字的磚塊東一塊西一塊地填在牆上。

看完巴比倫後，我想去什葉派最神聖的城市納傑夫，伊瑪目*阿里，也就是先知穆罕默德的女婿，就葬在那裡，不過撒以夫反對。

「你去那裡是要看屁啊？」他覺得奇怪，然後又語帶嚮往地說：「我們去巴斯拉啦。那

* 什葉派對領袖的稱呼。

裡的妞都很棒，妓院也是，說不定還有貴國女孩呢。」

但我堅持要去納傑夫，不想去妞很棒的妓院。撒以夫沒好氣地收拾好他的文青背包，跟我一起行動。計程車，兩個哨站，市中心的廉價旅館。我們在旅館裡一人喝一杯新鮮石榴汁。幾個鐘頭之後，我們到了什葉派的第二聖城（第一聖城是麥加）。

阿里的墳上蓋了一座清真寺，裡頭有各種豐富的馬賽克、鍍金、裝飾，還有美得讓人屏息的圖案，可謂建築界的珍寶。我們跟來自世界各地的信徒一樣四處觀看，一邊默唸祝禱，一邊繞著阿里的墳墓走動。我跟著眾人一起，祈禱世界和平。如果天堂裡真的有阿拉的存在，如果真的有所謂的先知阿里，也許他們會聽見我的禱告。

所有的人都在這裡：從來自馬格里布諸國，個性驕傲、身材高挑的柏柏爾人，到矮不隆咚、斜眼睛的吉爾吉斯老爺爺。每幾分鐘就會有人送棺材進來，最常見的是用幾塊板子釘成的那種，而這些人也會抬棺繞行阿里的墓，因為什葉派信徒即使在死後，也想得到阿里的賜福，想躺得離他越近越好——位處納傑夫的這座墓園，是全世界最大的墓地。

清真寺的一名保全聽見我跟撒以夫用英語對話，好奇走來攀談，問我從哪來。我趁這個機會，問對方在如此神聖的地方工作有什麼感覺。

他回答：「真正糟糕的是在炸彈攻擊過後的樣子。在那種時候，載來這裡的都是手啊、腳啊、屍塊等，全被丟進幾副棺材裡，所有人痛哭流涕，場面混亂得可以。這種事看了，很讓人沮喪。」

「海珊當政時，你們的生活過得怎樣？」我問。

「喔，很不好。」保全把手指伸進又長又密的鬍子裡，好像這樣能幫他回憶起二十多年前的事。「海珊是遜尼派，把我們什葉派當作敵人。從一九八〇年兩伊戰爭開始，只要有壞事發生，頭一個被人懷疑的就是我們。」

撒以夫補充道：「何梅尼也是什葉派的，被沙阿*趕出伊朗後，在這裡住了十幾年，直到海珊逼他出走才離開。沒多久，伊朗就爆發革命，何梅尼成了一國之君。」

「撒以夫，你怎麼會知道這些？」我問我的文青同伴。

幾個小時前他還一副對宗教完全不感興趣的樣子，卻突然變成什葉派的專家。

「我以前曾想過要當伊瑪目。」撒以夫坦言。

從我們認識到現在，我還沒看過他不好意思的樣子，甚至好像還臉紅了。

何梅尼一直都沒有放下海珊把他趕出納傑夫的事，所以在掌權後便全面資助所有跟伊拉

---

* 伊朗對國王的稱呼。

克政府對抗的人，煽動當地的什葉派，買武器給庫德人。

而伊拉克對這些舉動的回應，便是在一九八〇年派大軍攻擊伊朗。伊拉克的將領深信鄰國處於混亂之中，最多只須幾個禮拜便能攻下。

只不過海珊卻想專斷決定所有的事，縱然他沒有任何軍事經驗。他怕手下將領的領袖魅力過強，會偷走伊拉克人的心。為了以防萬一，他時不時便撤換將領，也因此錯過了大軍挺進德黑蘭的時機。直到伊朗人完成軍備整頓，原本輕鬆的戰事也迅速轉成寸土必爭的長年苦戰。

全世界都對何梅尼的革命感到震驚，幾乎一面倒支持海珊。武器與軍事專家從美國、西歐及蘇聯等各方面大量湧進伊拉克，這在冷戰期間是一個很特別的情況。

起初海珊在伊拉克人面前展現出一家之主的面貌，親自拜訪將士的妻子與母親，為這些女性給付極高額的津貼，也為她們添購車輛。

不過衝突持續得越久，他就越沒有耐性，尤其伊朗人接連好幾次拒絕談和，讓情況更是雪上加霜。將領每每都得花上好幾個鐘頭等海珊做出決定，但海珊卻總是無法下定決心。只要有人試圖開溜，就是死罪一條。

這場戰爭讓雙方都損失了上百萬條人命，而且沒有為任何一方帶來勝利。

19.

我不知道這怎麼有可能，不過海珊的元配一直到很久之後才發現薩蜜拉的存在。海珊對跟自己共事的人抱持高度忠誠，而顯然我們所有人也以同等的忠心回報。

不過這種情況不可能永遠持續下去，最終還是露了餡。外遇是一回事，結婚就又是另一回事了。伊斯蘭教允許一夫多妻，但賽吉妲氣瘋了，不再出現在農場裡，就連烏代與庫賽也消失得無影無蹤。

好像連賽吉妲的弟弟都站出來反對海珊，不過這點我不是很肯定，只是當時所有人都這麼說。他們認為海珊之所以能當上總統，並不是靠他個人的力量，而是整個提克里特的功勞。賽吉妲是提克里特人，薩蜜拉不是。他們認為海珊跟薩蜜拉結婚是種背叛。

背叛在伊拉克是不可原諒的。

海珊不僅要對付與何梅尼的戰爭，也要面對自己家裡的戰爭。

20.

海珊及薩蜜拉的婚事曝光不久後，卡米爾就在自己的別墅裡喝得酩酊大醉，開始朝空氣開槍。別墅跟他相隔幾百公尺遠的烏代，要侍衛過去叫他別再開槍。侍衛顯然無功而返，因為卡米爾繼續射擊。也許他是故意想惹烏代不快？他們從來就沒喜歡過對方，更何況所有人都知道卡米爾會載女人給海珊，而烏代自己雖然也是流連花叢，在這件事上卻是站在母親那邊。也許卡米爾喝得太醉，所以別人說的話完全聽不進去？我不知道。

烏代氣沖沖開車去卡米爾家，拿起鐵棍朝他的車子猛砸。氣昏頭的烏代見卡米爾衝出門，便使盡渾身的力氣一棍子往他頭上打。

我以前從沒見過海珊掉淚，不過那天在教堂（卡米爾是基督徒）的葬禮上，我親眼看見站在離棺木不遠的他，臉頰上有淚水流落。過世的是他好友，是對他來說特別重要的人，而這個人卻是死在他的兒子手裡。

農場裡的人對卡米爾．漢納的死都感到非常難過。他是個親切的好人，很受海珊與我們所有人喜歡。

海珊把烏代送進監獄，要人把他關在小型牢房，不准任何人探望。然後海珊才親自去見他，好像差一點就徒手殺了他。

不過父親對兒子的愛終究戰勝一切。幾個月後，海珊就把他放出來，要他出國一段時日。但明眼人都知道，烏代再度受寵。後來我還看過他很多次。

21.

我們跟伊朗議和，但不幸天下太平的日子並沒有持續太久。科威特人決定趁我們國力虛弱，有大筆債務要在戰後清償的時候，大舉販售價格遠低於市價的石油給其他國家。

海珊試著與他們對談，向他們解釋我們阿拉伯人應該互相幫助。

不過他們不同意。

有一天，我像往常一樣上工，打開電視，聽見我們的坦克車要再度開向戰場。你問我怎麼可能事前完全不知情，不知道我們有任何作戰準備？這很正常，沒什麼好奇怪的。廚師不是政客，沒有哪國總統會在開戰前還先徵詢廚師的意見。

當時所有人都說，這次的入侵是事先跟美國人講好的，所以當老布希總統開始大力抨擊海珊的作為時，海珊簡直氣瘋了。兩伊戰爭的時候所有國家都站在我們這邊，他以為這一回世界各國也會睜一隻眼閉一隻眼。

他錯了。

美國人真的站在科威特那邊，我軍不得不撤退。之後，老布希開始入侵伊拉克，局勢從那時起變得很不安全。我好幾個禮拜沒看到海珊，不過我知道他在巴格達的平房、住宅、市中心跟市郊裡到處躲藏。當時的情況看起來，好像美國人會踏進首都，而且打算將他殺掉。從廚房裡的角度來看，許多事情也不一樣了。我們雖像平常一樣煮飯，但海珊不會在屋裡吃，而是由他的侍衛每天開車來帶走他的膳食。

不過有時候，他們也會叫我們去某個地方，每次的地點都不一樣，然後要我們在那裡煮飯。後來美國人來到巴格達城外，轟炸便開始了。侍衛們要我們搬去巴格達的阿米利亞區，讓我們在一棟租來的屋子裡煮飯，然後又有人把做好的飯菜送去給海珊。我有好幾個月都沒見過總統。

然後，美國人撤退，伊拉克受到經濟制裁。

有時人們會說由於制裁的關係，海珊開始吃得比較差，因為有很多東西在伊拉克都買不到。這不是真的，他吃的跟之前一樣。他向來不吃進口的東西，只吃伊拉克菜，也只用伊拉克食材。我們伊拉克就有全世界最好的米，他又何必去吃進口的呢？納傑夫市郊自產的琥珀米，品質比任何一種在亞洲能買到的米都好。

我們要跟國外買什麼？肉嗎？這我很難想像，畢竟我們的屠夫每天都會為他殺新鮮的山羊或綿羊。魚嗎？瑪斯古夫是只有在伊拉克才找得到的鯉魚品種。

總統非常喜歡吃魚，不管是用烤的、煮湯、做成烤肉或沙威瑪，他都喜歡。他喜歡秋葵湯，也就是用補腎草做的湯，也喜歡櫛瓜湯和小扁豆湯。這些東西在伊拉克都有產，而且我們的農場裡就有，就在我們的眼皮子底下，所以那些制裁對我們又有什麼影響呢？

制裁影響最大的是一般伊拉克人。他們賺的錢沒有以前多。直到今天，這些不公正的制裁依舊讓他們倍感負擔。

22.

對於中東局勢，專家看法一致，認為美國人早在一九九一年便可輕鬆將伊拉克總統拉下臺。整個伊拉克有四分之三都在他們的掌握之中，甚至包含起義對抗海珊的什葉派與庫德人。

不過美國人最終還是退場，海珊便展開殘酷的報復。在此之前使用化學武器對付庫德人的馬吉德將軍，更是奪走了幾萬條人命。伊拉克從原本的富裕之國變成了一片廢墟。

當伊拉克人在餓肚子，他們的總統卻展開興建行館的大型計畫，徵招頂尖的建築師、裝潢師、畫家與雕刻家，在全國打造十幾座行館。這是向對伊拉克打經濟戰的世界比中指。

我跟撒以夫一塊，在緊挨著古比倫遺跡的希拉參觀其中一間行館。裡頭所有能搬的東西，都落到了附近人家的屋子裡。即便如此，行館裡裝飾之豐富還是讓人看了腿軟。光是入口處便是滿滿的昂貴馬賽克，地板與牆面都鋪了大理石。在種了橘子樹的花園裡，海珊有座面向底格里斯河的泳池——想必他的每一座行館都是如此。

往上一層，等著我的是波灣戰爭時期，波蘭人參加老布希總統不光彩的聯軍所留下的紀念。整面牆貼滿了寫著波蘭男孩與女孩名字的愛心——斯瓦維克愛瑪爾塔、亞采克愛伊羅娜、茲必薛克愛瑪任娜等。另一個房間，則有一半的牆面貼滿了波蘭聖誕慈善大樂隊的紅色愛心貼紙，這是個每年為兒童福利募款的慈善機構。看來波蘭士兵就連在伊拉克也集資為新生兒採買器材。

當我們在參觀行館時，一名叫穆罕默德的人走了過來。他臉上有著水痘留下的坑坑疤疤，鼻子底下是神氣活現的小鬍子，為他減了幾分年歲。

「我以前在這座行館裡當守衛。」他揚起鬍子笑著說。

他接著補充，如果我們願意給他點小費，他很樂意帶我們在行館裡走走。因此，我便拜託他帶我們去找廚房。可能的話，也帶我們去找曾經在這裡工作過的廚師。

「在這座行館裡工作過的廚師共有兩位，一位已經離開希拉，另一位過世了，不過我知道廚房在哪裡。」穆罕默德說。

我們來到泳池後頭的一道寬廣階梯，他帶我們一路往下走，進入地下室。這裡大概已經很久沒人來過，因為地上滿是從牆壁剝落的碎石塊與灰塵，以及一堆又一堆的蝙蝠糞。

我們的導遊邊走邊說道：「那些廚師當年在這裡做的可是世上最奇怪的工作，每天都要煮早餐、午餐與晚餐，彷彿海珊真的住在這裡。他們得把做好的食物各留一份樣品放在冰箱，就好像怕有人吃了會中毒一樣。到了晚上，他們會把煮好的東西全都丟進垃圾桶。」

「為什麼？」我疑惑地問。

「為了安全吧。海珊之所以會蓋這麼多座行館，就是不讓人知道他到底會在哪裡落腳。每座行館都有可能，所以每座行館裡的人都必須當作他在的樣子來做事。有時候他會派一整列空車隊出門，讓敵人以為他要去哪裡。這種空車隊有時也會到這來。」

「那為什麼他們要把食物丟掉？」

「那可是總統的食物，只有總統才能吃，誰都不能碰。那些食物很多，後來在地的窮人發現他們丟在哪裡，便開始去那邊撿食物。但不出幾天，所有人都被抓去毒打一頓。」

穆罕默德在最後總算為我們找到海珊的廚房。我們靠著手機的亮光，在黑暗中參觀。裡頭連一樣廚具都沒有，只剩安裝在牆面與天花板的巨大通風管。事實上，除了這笨重的鋁製結構，這裡根本空無一物。

「海珊有吃過那些廚師煮的東西嗎？」

「這座行館他只來過兩次而已。不過他來的時候都是自己帶廚師，然後把整座行館的僕人都關在一個房間，不准他們出來。」

23.

科威特戰爭後，這份為總統服務的工作已讓我十分疲憊。最讓我吃不消的就是工作的不可預測性，這點徹底把我打垮。

我一直等到有個好時機，才跟侍衛主管說自己想離開。

海珊又把我叫了過去。

「聽說你想離開我。」

我表示遺憾，但我的答案是肯定的。總統點點頭：

「好吧，我明白。」

幾個禮拜後，我的遠大夢想終於實現——我開始在一家叫「塔拉」的五星級飯店工作。我離開的時候，當局對我只有一個請求。海珊非常喜歡我做的風乾牛肉，這種牛肉乾都是在冬天的時候做，他要我每年都來為他做一回。

我二話不說便同意了。一連好幾年，我每年都會請一個禮拜的假，叫好所有的材料，做一噸半或兩噸的風乾牛肉，讓總統府裡一整年都有得吃。而海珊一直都很大方，直到下臺前每個月都付薪水給我，就好像我還在為他工作。

我離開後幾年，奧薩瑪·賓拉登派出兩架波音客機摧毀紐約的雙子星大廈。從那時起，小布希總統便認定他在全世界最大的敵人就是海珊。

接下來你也知道。

烏代與庫賽在摩蘇爾被美國人射死。

賽吉妲與薩蜜拉離開伊拉克各奔東西。我不知道她們在哪裡，不過海珊一定幫她們打點好一切，不會讓她們過苦日子。

海珊被人吊死。

我最後一次為他做風乾牛肉沒多久，美國人就發動第二波攻擊。總統在提克里特郊區的家中被抓，肉乾就掛在他家裡的棕櫚樹上。直到最後，他都把牛肉乾帶在身邊。

24.

美國人奪下巴格達，我心裡非常害怕。他們到處在找為海珊工作過的人。我怕他們把我抓去關塔那摩灣的海軍基地，在那裡把我殺掉或對我拷問。

我們所有人能躲哪裡是哪裡。當初在廚房裡做事的那批人，誰也沒有被找到，而跟我一起工作過的人裡，只有一個人被逮捕——那人負責到行館修理電視搖控器跟換電池。後來我們才知道，他們是在蒐集情報，想瞭解海珊的生活，好藉此抓住他。他們顯然找到了這麼一個人，不過那會是誰呢？我不知道。在海珊最後的日子裡，身邊就只有提克里特人而已。

為海珊工作了十五年，我跟他在各種場合裡照的照片多到數不清。我跟你說，他很喜歡照相，他的攝影師會把那些照片拿來給我。美國人進入伊拉克時，我怕到把那些相片都藏到冷氣機底下。

幾個月後，局勢穩定下來，我想最糟糕的時刻已經過去，便把那些照片拿出來。可惜冷氣機漏水，我藏在那裡的照片全部泡湯，就只剩下一張，我特別帶過來，你看。我記得很清楚，這張照片是在提克里特跟薩邁拉中間的路上拍的，提克里特是海珊的城市，薩邁拉裡有座古伊拉克的清真寺。我們半路停下，在田野間享用午餐。海珊嚐過味道後，覺得很不錯，就跟我說：「阿布·阿里，你真是個廚神。我們來拍張照吧。」那是個美麗的大晴天，所有人心情都很好。來，你看。這是那些年來我唯一留下的東西。

阿布．阿里唯一留下來的照片，也是他與海珊（左）的合影。© Witold Szabłowski

作者維特多．沙博爾夫斯基與阿布．阿里（右）。© Witold Szabłowski

點心

一開始，我的菜煮得很不好。現在回想起我在廚房工作的頭幾天，自己都覺得有點不好意思。不過關於波布，有一件事你要知道。他的幽默感非常之好。他這人就像小丑，我是說真的！我記得頭幾次見到他的時候，他非常英俊，有著非常漂亮的笑容，不過我也記得他一直都在開玩笑。

他最喜歡開的玩笑是講反話。比如要是他覺得我煮太多，他就會說：「我們的阿滿煮得還真少，我們所有的人都要餓肚子了。」然後他會直直盯著我，看我怎麼反應，臉上還掛著他的招牌笑容。好幾個月為他煮湯的時候，他有時會摸著肚子說：「這湯味道真好。」但我從來都不知道他是在開玩笑，還是真覺得湯好喝。

直到後來我才知道，他其實是在開玩笑。要想煮得一手好菜，我還有很多事要學。

所以，我下了功夫。對我們所有人來說，不讓波兄弟餓肚子非常重要。因為他有沒有吃飽，關係到我們的生活，關係到我們的革命事業。

我每天都做好幾道他喜歡吃的菜。魚、木瓜沙拉、雞肉，同時心裡會想：「這其中總有一道他會吃，最重要的是讓他吃飽。」更何況，他夜裡常會肚子疼，每每因此無法入睡。所以，我總是煮一大堆菜，而每次他看見擺滿桌的菜餚就會笑開懷：「我們的阿滿煮得還真少，她大概是個懶惰鬼吧。」

然後又盯著我笑。

WITOLD SZABŁOWSKI

JAK NAKARMIĆ DYKTATORA

午餐

烤 羊 肉

烏干達惡魔總統阿敏
&
廚師歐銅德

1.

兄弟，開始前先告訴我，你信不信神？你信不信耶穌基督犧牲性命拯救我們？

如果你真像你說的那樣信神，那我們就握住彼此的手，一起禱告吧。像使徒的年代那樣禱告。

親愛的上帝，因為有祢的旨意與恩典，才有我們的存在。祢把我從鬣狗的尖牙下與河馬的攻擊中拯救出來，在我被關進地牢與死亡相面時，幫助我掙脫伊迪·阿敏的屠夫之手。上帝啊，祢此刻看著我們，看見我們歡笑、哭泣，在我們的桌子擺上麵包與魚，一如耶穌基督時代的吃食，還有米飯、雞肉、胡蘿蔔及基輔炸肉排。請接受我們的謝意，感謝祢所有的餽贈；請接受我的謝意，感謝客人特意前來聽我傾訴不凡的人生。

上帝啊，我這個來自大湖畔拉姆布古村的男孩是個貧困的盧歐人，甚至從沒在學校念過半年書，當然也沒有在任何一所學校註冊過。母親靠著替富有鄰居洗衣攢錢，從沒想過她有一天會睡在昂貴的飯店裡，會到國外旅遊，甚至從來也沒想過她的兒子會為總統煮飯，會搭飛機出國，會跟非洲各國的第一批黑皮膚領袖握手，而他們會抱住他，叫他「兄弟」。上帝啊，祢給了我所有，給了我汽車與華服，又不期然將一切奪走，讓我知道世上除了祢的愛，沒有任何事物是永恆。親愛的上帝，諸王之王，我們讚美祢，我們敬愛祢。

2.

基蘇木是肯亞規模第三大的城市，城裡充斥鞋帶商販、成群結隊的流浪狗及等待乘客上門的波達波達。** 我們從這裡踏上旅程，沿維多利亞湖行進。這座大如汪洋的湖泊波濤洶湧，如死神般讓人畏懼，能將漁船翻覆朝天。我們的目標是廚師的部落，陪我同行的是波蘭廣播電臺非洲特派員尤莉亞．普魯斯，以及跟廚師同一個部落出身的當地記者卡爾．歐德拉（他們甚至連姓都一樣，不過這純屬巧合）。

我們要去拜訪的這名廚師，曾替伊迪．阿敏這位將反對者丟去餵鱷魚的烏干達獨裁者工作。

一路上，我們看見漆成黃色、綠色、藍色與黑色的船隻，船身上畫有各種人物裝飾，有

*（前頁圖說）正吃著烤雞的烏干達獨裁者阿敏。©Getty Images

** 波達波達（boda-boda），是東非地區一種計程機車或計程自行車。名稱起源有兩種說法，一是騎乘時的擬聲詞，另一則是暗喻其搭載乘客從「邊界到邊界」（border to border）。

受歡迎的政治人物、知名連續劇演員，也有救世主耶穌基督。經過一段路程，我們抵達一座村莊，那裡的土壤是紅色的，有如凝結的血塊。我們在這裡轉彎，在一片血紅中又開了一段路，才再度轉彎，接著又是一個彎，再一個彎。鳥群發了瘋似地扯嗓高啼，延伸至路面的樹木枝椏不斷刮掃車頂。我們開下山坡，停在一棵高大的樹下。樹下有個男人坐在裝柳橙用的箱子上，身邊圍著家人。那男人長得像聖經裡的族長，個子很高，身材瘦得像竹竿，顴骨突出。等我們走近一點，我看見他的手指也是又細又長，但指甲很大一片。我往那棵樹走去。他站起來，抱了我一下，一時之間我覺得自己好像找到失散多年的親人。

這名有著族長相貌的男人，就是歐銅德．歐德拉。他用修長的手指接連為烏干達的兩任總統切菜、剁肉和殺魚，而其中一任總統便是傳說會吃人肉的血腥獨裁者伊迪．阿敏。

歐德拉有為阿敏煮過人肉嗎？他怎麼煮？配菜又是什麼？

而做過這種事的他又是怎麼過日子的？

我想提出這些問題。只是，我該怎麼問？

我不知道。我的心裡還沒有個底，而且我也沒有時間仔細盤算，因為歐德拉馬上就帶我去他家。他家牆上掛了把獨弦琴，琴下擺了幅黑白女性照。

那是他母親。

一切都是由他母親開始。如果這該是場開誠布公的對話，那我們就得從他母親、從她為這個男人決定一生的故事說起。

3.

我的母親叫特蕾莎．安納札，父親叫歐德拉．歐尤德。在我之前，母親一共生了十三個孩子，但所有的孩子不是患上天花、瘧疾，就是百日咳，全都夭折了。父母親非常窮，沒錢請醫生，所以在我出生後，他們原本也不指望我能長大成人。母親在孕期去探望她的妹妹，當時母親已經頂著大肚子。姨母的丈夫叫尼安勾馬．奧別羅，是名漁夫。他們住在黎溫達村，屋子就蓋在維多利亞湖畔。姨丈有時候會送魚給我們吃。母親每隔幾個禮拜就會去找他們。

從我們家到大湖得走上好幾個小時，但母親不想在姨母家過夜，所以即便天色已暗，她依舊踏上歸途。他們對她說：「別走，路上到處都是鬣狗。」幾天前才有一名男人被那些鬣狗咬成重傷。

不過母親很堅持。一旦她的脾氣拗起來，不管是誰都沒辦法說服她。她抱了抱我姨母，跟他們道別，然後便拎著一串魚上路。

她在路上一直走、一直走，直到太陽沉到維多利亞湖的後方，天氣也跟著轉冷。黑夜降臨，而她還是繼續走。

約莫走到半路，她開始覺得不舒服。

在我之前，她已經生過十三個孩子，當然知道接下來馬上要發生什麼事。她在離路邊不遠的地方找了個好位置，然後躺在地上。當時的她，一個人孤零零卡在杳無人煙的地方，前不著村，後不著店。她將肌肉一繃，我的腦袋瓜便露了出來；她再使一次力，生產的過程便結束了。當你懷到第十四個孩子的時候，生產這種事也就不再那麼棘手。母親拔了一根利草來切斷臍帶，然後拔掉一株仙人掌，在樹根留下的洞裡放上胎盤，將我包在裡頭，然後自己在一旁坐下。

她從大老遠便聽見鬣狗嚎叫，深信牠們會聞到血的氣味跑過來。後來她跟我說過很多次，她當時就只是待在那裡等死，等我的死亡，也等她自己的死亡。她這輩子已經歷過很多艱難的時刻，心裡早有準備。

不過一整夜，鬣狗只是在我們周遭徘徊，沒有靠近。

而我也沒有死。

天亮的時候，母親隨便拿了塊布把我包起來往村子走。回到村裡後，大家都不敢相信她竟能抱著一個活娃娃回來。所有人都跑來我們家，一名懂得治病、知曉未來的年長智者也在其中。智者說：「如果鬣狗沒碰他，就表示他能長命百歲。」

那老人說得沒錯。你看看我，已經活到八十歲，這樣的歲數都可以分給十個人了。

4.

我們很窮，但我記得自己從沒餓過肚子。我們最常吃的是木薯或樹薯，再不然就是樹薯粉煎餅配點蔬菜，幾乎很少吃到肉。父親總是會養上兩三頭乳牛，但宰殺之後一定是整條載去市場賣——我們總是跟鄰居借東借西，需要錢還債。

在我出生的盧歐部落裡，吃的食物跟「姆宗谷」（也就是白種人）挺像。蔬菜或肉是基本。姆宗谷吃馬鈴薯，我們則是木薯、大麥米或白米。只不過對姆宗谷來說，光是一小塊肉配上點大麥飯或木薯還不夠，蔬菜得要鋪上烤起司，肉也要先用葡萄酒燜過。姆宗谷的飲食，是屬於想要展現自己擁有權力的人所吃的飲食。我在為兩任總統煮飯的期間學到，食物就是權力。如果你有食物，就會有女人，就會有錢，就會受人景仰。你可以隨心所欲。

我們的食物是屬於知道飢餓為何物的人所吃的食物，沒辦法透過食物向誰證明什麼。人之所以要吃飯，就只是為了能有力氣繼續工作。

還沒從家裡搬出去前，我一直做著不同的工作。起初做了點音樂相關的工作，我會彈一種叫歐魯圖的獨弦琴，這種琴在盧歐部落很流行，拉法是把琴身靠在髖部，用弓在琴身的單弦上拉動。我靠著這把琴在各種婚禮及重要場合上賺了錢。

之後姨丈把我帶上船當漁夫。我跟著他在船上工作了差不多兩年。

直到有一天，一隻河馬攻擊我們。我們大老遠便看見牠在水中游。盛怒的河馬比鱷魚要來得危險許多，而且在水中的速度非常快。牠游過來撞翻我們的船，所有人全飛向四面八方。那隻河馬可是已經殺了好幾個人，大湖周邊的漁夫全都很怕。我們當時沒有任何一個人受傷，真可謂是奇蹟了。

河馬攻擊事件後，我跟姨丈說：

「我是十四個手足當中唯一存活下來的，可不是為了要在這裡等河馬回來殺我。」

姨丈表示贊同。他有個叫席維斯特的兒子，在烏干達首都康培拉一間很多姆宗谷會去的俱樂部工作。叔叔要我搭大船去康培拉的那家俱樂部找席維斯特，說他一定會幫我找到一份工作。

對我們盧歐人來說，家人間的聯繫非常重要。你知道前美國總統歐巴馬也是盧歐人嗎？他父親是離這裡兩百公尺遠的村子出身的。就連從來沒在這裡住過的歐巴馬，也在能力所及的範圍內，經常幫助自己的家族，所以我知道席維斯特不會拒絕幫助我。

我坐上一艘從基蘇木要前往恩德培的船，上岸後直接搭車去找表哥。

對姆宗谷來說，「康培拉俱樂部」是一個很重要的地方，因為英國政府派來烏干達工作的人，很多都會先在俱樂部旁的一家旅館住上幾個禮拜，直到租好房子才離開。表哥是俱樂部裡的場地維護員，負責掃地板。一看到我，整個人都高興了起來，馬上跑去找經理，為我找了一份當服務生幫手的差事。當時我一個英文字都不懂，幸好我也不需要懂，只要端著一張笑臉把食物從廚房送進餐廳就好。

至於河馬呢？那次意外過後一陣子，牠就這麼憑空消失了。有人說，那一定是來找敵人報仇的戰士英靈。

5.

為了深入瞭解盧歐人，我跟尤莉亞及卡爾搭車去找部落的長老莎拉·歐巴馬嬤嬤。莎拉．歐巴馬嬤嬤高齡九十五歲，是以替附近村莊孩子籌集教育資金，以及對抗愛滋聞名的慈善家。她的村莊叫柯基洛，跟廚師歐銅德．歐德拉的家只離丟一顆石頭遠的距離。老歐巴馬*就是從這裡前往美國念大學。

肯亞政府聘雇的保全放我們進入莎拉．歐巴馬嬤嬤的住所。這裡不只是這名保全工作的場所，也是他跟一家人居住的地方，他的小屋就位在入口車道的閘門旁。他檢查我們的文件，問我們造訪莎拉嬤嬤的目的，等程序要結束時，他指了一個地方給我看——第四十四任美國總統的先祖，也就是總統祖父與父親的墳墓所在。

我走過去行禮。

可敬的先人長眠於樣式簡單的磨石板下，墓碑旁有兩頭黑白相間的乳牛在吃草。不遠處的牛棚裡還有一頭在哀號；兩天前頭一次產下幼犢的牛兒，大概還驚魂未定。母雞在我們的腳下兜轉，蝴蝶在我們的頭頂飛舞，歐巴馬家族的根源地是一片祥和的田園風光。

莎拉嬤嬤剛好從午睡中醒來，穿上非洲樣式的洋裝，在她家門前的露臺接待我們。他是歐巴馬祖父的第三任妻子，前總統的身體裡並沒有她的血脈，但前總統依舊叫她一聲奶奶。

莎拉．歐巴馬嬤嬤開口：

老頭子大我很多歲。我們結婚的時候，我十九歲，而他已經年過四十了。那個年代就是這樣。女孩沒得自己挑丈夫。亞嘎姆，就是媒婆，來跟我的父母說：「有個男人對你們女兒有興趣，你們怎麼說？」

那是一九四一年，這一區的肯亞人在幾年前才頭一次看到飛機，他們用我們的部落語言，也就是盧歐語把飛機叫做「得格」。當時不管哪家人生了孩子，都把孩子取名為得格，算是紀念飛機這種非比尋常的發明。當部落裡頭一次出現湯匙的時候，他們也拿湯匙來命名孩子當作紀念，叫「歐吉科」，還有紀念盤子的「阿散德」。

然而，這不代表盧歐人的教育水平低落。事實正好相反。他們素來被認為是整個東非知識水平最高的部落。身上有閒錢的人想的不是要為自己買台車或黃金，而是把心思都放在該把孩子送去哪所學校。來找我的路上，你有看見穿制服的孩子，對吧？所有的孩子都會去上學。盧歐人向來求知若渴。

我丈夫也是同樣的做法，他把孩子全送去美國，讓他們在那邊念書。要不是盧歐人這麼看重教育，巴拉克也不會有今天這麼高的成就。

---

* 指美國前總統巴拉克·歐巴馬的父親。

我跟丈夫的生活過得很好，到今天我依然認為只有媒婆才知道該建議誰跟什麼人結婚。對，老頭子的是年紀很大，而我是他的第三任妻子，不過他的相貌很好看，身體也硬朗，所以我們的生活過得很好。不過沒有人能活一輩子，我已經孤單一人將近四十年了。

「但等等，等一下……，我有個地方不明白……」巴拉克．歐巴馬的繼祖母戲劇性地停頓了一下，「你問這麼多我死去老公的事做什麼？你打算向我求婚嗎？」

6.

太陽緩緩落到歐銅德．歐德拉家的上方，因此我們從樹下轉移陣地進屋去。這棟屋子是用在地泥土燒成的土產磚塊打造，原本血紅的土色經過乾燥處理，在陽光下呈現乳棕色。每道牆面都已龜裂，透過縫隙可以清楚看見四周的一切。只要有稍微強一點的風吹過，鐵皮屋頂便會發出聲響，好似等等就要砸在我們頭上。

不過屋頂並沒有掉下來。

我們圍坐茶几，喝著叉以（這裡都是這樣叫茶的），繼續聽故事。

歐銅德・歐德拉：

我很喜歡在俱樂部裡的工作，而我天生就很勤勞，所以只要有空便會去幫其他人。這邊有人需要幫忙搬行李，那邊要幫忙打掃，還有飯店房間的燈泡要換。大家都很喜歡我，幾個月之後，有一對姓羅伯森的姆宗谷夫妻問我想不想換工作，去他們那裡當「samba boy」，也就是園丁。

對於像我這樣的男孩來說，samba boy 或簡稱 boy（因為姆宗谷都是這樣叫在他們家裡工作的年輕男孩）這種工作，簡直就像上帝之吻*。我一口答應。我搬進羅伯森家，住在緊鄰他們屋子的園丁宿舍裡，每天修剪草皮。姆宗谷的草皮基於某種原因非要長得整整齊齊，像用尺量的一樣。我們那邊不會有人在意這種事，因為有比這更重要的問題要處理。不過對姆宗谷來說，這件事重要到得聘雇專人（也就是我）處理，好時時注意、調整草皮的生長狀態。

對羅伯森家的男主人，我都只是稱呼他羅伯森先生，不過他妻子希望我稱她夫人。她說

* 天上掉下來的禮物。

英國都是這麼稱呼女性：男性先生，女性夫人。儘管我非常感謝她，卻也因為這樣不記得她的名字。

學會怎麼修草才能修得好後，我發現自己多了許多閒暇時間，於是夫人請我幫她打掃家裡，我便去洗了樓梯，擦了窗戶，掃了廚房地板。結果做完這些事後，我又閒下來了——我這輩子都在做苦工，手腳很快，因此夫人叫我去廚房幫她。

事情就是這樣開始的。

那就像魔法一樣。我覺得自己好像找到了畢生志業。我記不大清楚夫人叫我做的頭一件事是什麼，也許是打做肉餅要用的肉？也許是揉麵糰？還是切做沙拉要用的胡蘿蔔？我不知道。我想不起來。那一定是件簡單的事，因為我當時在廚房裡手足無措，老是東碰西撞。

不過我打從一開始，就知道自己在廚房裡如魚得水，就好像找到上帝想要我做的事。祂在我還未出生在這個世上前，老早就為我選定了。

夫人不敢相信我學東西這麼快。有一次她教我刀子的正確拿法，幾個鐘頭後，我就可以切得很順手了。一回，我看著她做蛋糕，從準備麵糊到送進烤箱的整個過程看完後，隔天我就烤出了完美的蛋糕。還有一次我們一起做丁骨牛排，隔天我就獨力完成所有的事。丁骨牛排是一種很棘手的牛排，中間的脊椎骨把肉排分成兩半，一半是腰內肉，另一半則是前腰脊肉，烤這兩種肉的方式並不一樣，所以做法頗為複雜。我告訴你，直到今天，我還是不知道連一個英文字都不懂的我，是不是把所有的竅門都抓住了。

我沒有靠筆記來幫助自己。書寫向來不是我的強項。不過也多虧這樣，我可以學得更快——我知道自己該把一切都記在腦中。就連後來管理總統府的廚房，我也沒有對上百人要喝的湯做任何筆記。舉辦宴會時，有時我得買上一百隻雞跟十隻羊，準備搭配這些雞羊的蔬菜與調味料，而這一切，包括湯品和甜點在內，我都是靠心算，而且每次都精準無誤。

夫人每天都教我新東西，很高興我學做菜學得這麼上手。姆宗谷要找園丁或是負責打掃的人不是問題，不過要找到一個煮菜能合他們胃口的，就幾乎可以說是奇蹟了。十分富有的姆宗谷會帶自己的廚師來我們這裡，不過羅伯森家沒那麼有錢，所以夫人在發現我的烹飪天份後，便跑去告訴丈夫。

羅伯森先生點頭表示贊同。從那時候起我就不再是園丁，他們雇了別的 boy 來頂替我的位子。我，歐銅德．歐德拉，一個小村子出身，剛呱呱墜地就差點被鬣狗吃掉的男孩，成了白人的廚師。

我受到許多特殊待遇，畢竟廚師光是沒洗手就能害你中毒，所以你必須相信他非常乾淨，而且做事完全按部就班。沒有多少黑人能獲得姆宗谷的信任，所以我記得非常清楚，自己得時時保持雙手清潔，而且圍裙也總是要洗得乾乾淨淨。當時的我把一個觀念刻在腦中：無論發生什麼事，廚師看起來都必須乾淨整齊。

夫人細細教我每一件事。如何烤雞，如何烤魚，如何辨識何時把煎鍋裡的肉拿出來。你知道嗎？只要有聽到滋滋聲就沒問題，如果滋滋聲中斷，就表示肉已經吸滿油，不會好吃了。

約莫一年後，夫人對我比了個手勢，表示無論是做菜、做蛋糕，還是烤他們很喜歡的印度麵包恰巴蒂，我都已經不需要她幫助，她可以把我獨自留在廚房裡。

我學會燒一手好菜，但沒有學怎麼說英語。沒錯，我的確是知道了幾個英文字：roast是烤，melted是融化，boil是煮，cook是廚師。就這樣，沒別的了。

然而，我不需要懂更多的英文字。白人不想要黑人跟他討論報紙上寫的事。白人想要有修剪整齊的草皮、刷洗乾淨的地板和美味可口的食物。

這個情況也合我意。我也不想跟夫人及夫人的丈夫進行任何討論。我知道自己是負責煮飯的男孩，而這是件讓我非常愉悅的事。如果得說話，我怕自己會口無遮攔，怕自己會因為多說一個字而被開除。

洗手、穿戴整齊、永遠不要多話，這就是我在白人家裡學到的事。不會有人期待一名廚師說出什麼見解。

7.

有了一份穩定的工作與不錯的生活，我決定邀請一名女性加入我的世界。每隔幾個月我就會去肯亞找家人。有一次，我受邀參加親戚的婚禮，認識了叫伊莉莎白的女孩。她來自阿路爾村，跟我的村子相隔約十幾公里。她的身材窈窕，有雙漂亮的眼睛與修長的脖子。我對她一見鍾情。親戚的婚禮過了兩個月後，我們也辦了婚禮。我得買頭母牛送給她父母，才讓他們答應把女兒嫁給我。他們原本想要兩頭牛，對我只提出一頭覺得很不是滋味，畢竟他們的女兒這麼漂亮，就算不嫁我，轉頭也會有人上門求親。不過有人跟他們解釋我在外國工作，替姆宗谷做事，就算有本地人願意給兩頭乳牛，權衡起來我還是比較好的對象。

這樣的說法讓他們信服了。

伊莉莎白住在肯亞，而我在烏干達，每幾個月我就會帶著耳環或衣服等禮物去看她，不過有時我會帶像鍋子這種比較實用的東西。我想讓她來我這裡，但我沒有勇氣問夫人能不能跟妻子一起住在他們家旁的宿舍裡。後來我也一直沒找到機會問。

烏干達的白人開始碰上越來越多問題。為英國政府工作的羅伯森先生，時常在家焦躁踱步。

這種時候，不適合把妻子送過來。

8.

羅伯森先生的情緒之所以會這麼緊繃，不是沒有道理。

二次世界大戰後的非洲獨立風潮盛行。像他這樣的殖民政權員工，一直過著曼達茲*這種沾滿糖漿的炸麵糰、堪稱烏干達式甜甜圈的生活，在這裡領的薪水比他們在自己國內能得到的還要多。中產階級的員工甚至可以租大房子，雇用僕人。現在他們得另外找方法來維持生活。

專跑非洲新聞的波蘭知名戰地記者沃以切赫・亞杰斯基曾說：「第二次世界大戰後，歐洲也不再想擁有殖民地，英法兩國都認為建立殖民地是昂貴的過時觀念。」

數百年來，非洲人一直都遭到歐洲人鄙夷，被當作奴隸販賣、剝削，被視為次等人。

現在他們突然得自己接手非洲大陸的事務。

一九五一年，利比亞宣布獨立。

一九五六年，蘇丹、突尼西亞、摩洛哥宣布獨立。

一九五七年，迦納。

一九五八年，幾內亞。

接著這個過程開始加速。真正的突破出現在一九六〇年，那一年宣布獨立的非洲國家甚至高達十七個。

「殖民政權沒有為非洲準備好面對獨立，便匆忙告別。與極力抗爭的殖民地相比，國力虛弱的非洲獨立國家，成了更容易剝削的對象。」沃以切赫．亞杰斯基解釋道。

一九六二年十月九日，烏干達在一場隆重的儀式上，也宣告獨立。

＊ 類似台灣小吃「雙胞胎」。

9.

我們跟歐銅德・歐德拉開車去基蘇木買做菜要用的食材。我們在綠葉及膝的作物中抬高腳步小心行走。番茄有如熱帶稀草原的夕陽般豔紅。小巧的椒類品種從最辣到最甜，一應俱全。這裡有各式各樣的蔬果：包括在我們面前挺立的美味香蕉、鼓著裝甲胸膛的鳳梨、散發誘人香氣的芒果與木瓜。

接著，我們走去市集的肉類區。那裡很好找，蒼蠅的嗡嗡聲老遠便為我們指路。戴著標準穆斯林帽、大鬍子修剪整齊的屠夫，個個都很樂意為顧客提供建議，不過歐銅德不需要。他選了他認為最上等的雞肉——不會太肥，也沒有太多筋絡。

我請他做一份午餐，要跟他做給獨裁者吃的一模一樣。他說：「這種就是我會買給阿敏吃的雞肉。」

我們來到賣魚的地方，買了一條中等大小的非洲鯽魚*，這是大湖區最受歡迎的品種。

採買齊全後，我們便回去村裡。歐德拉在屋外的火坑上搭爐野炊，然後像軍官對士兵那樣，給他媳婦與兩個孫女指派任務。

雞在火上烤，魚在鍋裡煎，蔬菜則由女人負責處理。

我們回到故事時間。

10.

想像一下，我身邊的人都很開心，唱著歌，喝著香蕉啤酒，只有我傷心難過。在烏干達宣布獨立與白人離去後，國內就是這副樣子。幾乎人人都會說：「這個國家終於完全屬於我們了！終於沒有姆宗谷對我們指指點點，教我們該怎麼做了！」但我卻沒了工作，把我的伊莉莎白帶到烏干達的計畫也沒了指望。我只剩一雙手和一顆想要工作的心。

還有我的技能。

就在這個時候，有人跟我說烏干達總理米爾頓．奧博特的辦公室在找人去廚房工作。「我顯然是這份工作的不二人選！」我想。

於是我去了總理辦公室。剛獨立那時候的情況是這樣，要是你有事要找總理或是哪個部

* 又稱羅非魚，也就是台灣所知的吳郭魚。

長，就可以直接過去說明來意。姆宗谷的政府常常不願意聽我們的聲音，非洲人的政府想要展現新氣象。

當時他們問我會做哪些菜，我一一細數，他們點點頭，邀我隔幾天後參加考試。

我去應試了。

第一個部分是口試，評審有好幾位。我後來才知道，其中一名評審是總理的幕僚長奧伊特・奧喬克，而他其實早就屬意另一位與他同村出身的應試者，打算雇用對方。

口試結束後便是實測，要做的湯品是牛尾湯，主菜是丁骨牛排，甜點則是乾果布丁，也就是用水果乾做的布丁。

要知道，這牛尾湯要是煮得好呢，可是一道非常細緻的湯品。我拿了兩條牛尾一起煮，還放了胡蘿蔔跟香芹，用多香果與胡椒調味。煮了半個鐘頭後，我把牛尾撈出來去骨，加上切丁的馬鈴薯就完成了。

至於丁骨牛排呢，我已經跟你說過，這是一塊由腰內肉跟前腰脊肉這兩種不同部位組成的肉排，要煎好很不簡單。

幸好這兩道菜我都跟著夫人做過。羅伯森先生非常喜歡牛排，所以我很會煎丁骨牛排。

乾果布丁也不是道簡單的甜點。醬汁包含了很多成分：杏桃、梨子、蘋果及其他各種水果，混在一起以低溫烘烤，加進肉桂、酸奶、香草、葡萄酒及石榴子，最後還要放上胡桃與榛果。這道甜點吃起來像是同時在嚐蛋糕、酒和乾果，如果做得好可是人間美味。幸好這道甜點我也是駕輕就熟。

幾天後，我去領取考試結果。

「明天來上班。」我聽見對方這麼說。

我大概是直到那一刻，才意識到自己要做什麼。天啊，那可是總理呀。

奧博特之所以選我，是因為沒有幾個黑人懂得煮白人的菜。會的人都已經有工作（而且聘雇他們的都是高級旅館），不想為了不知道能付多少薪水的總理換工作。而奧博特在殖民時代喜歡上姆宗谷的食物，已經吃習慣了。獨立是一回事，但他並不打算改變飲食習慣。這很逗趣，對吧？黑皮膚的總理雇用黑皮膚的廚師，但這廚師卻得要會煮白人的食物。

還有一點也很重要，就是我是盧歐人。奧博特是蘭戈人，而蘭戈人和盧歐人可是兄弟呢。總理辦公室裡雇用許多我那一帶出身的人。我甚至想過為什麼，我想他們是把我們當作傭兵，因為我們不在乎是誰或哪個政黨統治烏干達，不會有想毒殺或謀害任何人的念頭。我們要的就只有賺錢謀生。

我特別喜歡總理的司機索羅門・歐庫庫，他成長的地方跟我的村子只隔了十多公里。我們幾乎每天下班後都會一起喝啤酒、聊妻子、聊工作、聊政治。我們的感情非常好。歐庫庫親切又大方，但這樣的個性後來卻害了他。

我也喜歡替總統打掃房間的歐得羅．歐索雷，他負責換床單、燙衣服和擦皮鞋。他也是我那一帶出身的，不過他的個性比歐庫庫來得內向。他常常跟我們聊天，有時候也會喝口啤酒，但從來沒跟我們說過他的內心話。

這點我們並沒有在意，每個人都有權利保留隱私。我們成了朋友，互相幫忙，夫復何求？

只有幕僚長奧伊特．奧喬克不高興他的同村沒通過廚藝競賽，但這也不容他置喙，因為最後的決定權在總理手上。不過他把這件事記在心上，一記就是一輩子。

11.

米爾頓．奧博特是烏干達的總理，同時也是烏干達未來的總統。他小時候不是差點被豹群吃掉，就是在森林裡奔跑卻直直撞上正在獵食的眼鏡蛇，甚至有回他站在河邊，身旁的小女孩竟然被鱷魚咬走。跟他的廚師歐德拉一樣，奧博特能平安度過孩提時代，幾乎可以說是個奇蹟。

他的兩個祖父，一個曾當過部落領袖，深受英國人信賴；另一個則鑽研草藥，醫治動物，懂得祈雨。奧博特從小就被他們倆當作心頭肉。

差不多在同一個時間，在烏干達南部一座叫金賈的城市裡，在一處靠近兵營的地方，住著另一個男孩。他身體強壯，個頭很高，整天遊手好閒，像他這樣的人在烏干達是找不到工作的。這個男孩的名字叫伊迪．阿敏。

他的母親靠替人煮飯和算命為生，與丈夫離異後，認識了小她將近二十歲的男子亞希姆，他是英國皇家非洲步槍團下士。兩人成了伴侶。

住在兵營旁的生活對阿敏的未來起了很大影響。身強體壯的他很快便獲得募兵官注意，而他的軍旅生涯也就這麼展開了。

伊恩．格拉哈姆少校在英國皇家非洲步槍團，當阿敏的直屬長官當了很多年。我們帶著出色的英波翻譯安東妮雅．洛伊德．瓊斯小姐，一起去他位在英格蘭東部的家裡拜訪。格拉哈姆少校先是把阿敏送他的羚羊頭顱拿給我們看，然後要我們坐在前廊的扶手椅，開始話當年：

「你一生中會碰見幾個人生來就是要當領袖，這種人很罕見，而阿敏儘管教育程度低，卻是天生領袖。」

伊迪·阿敏向來比其他人都還要高大強壯，在烏干達贏過幾次拳擊比賽。事實證明，他也很適合從軍。每次漂亮完成任務，他的心裡都會獲得極大滿足。傳聞他只念完小學四年級，但也有消息說他連一天學都沒上過。格拉哈姆提到自己幫他在銀行開戶，而這名未來的總統在當時得花上二十分鐘的時間……練習簽名。

然而，英國人並不介意這點，反倒認為一心向著他們、腦袋不甚靈光的阿敏，能在烏干達宣布獨立時派上用場。

米爾頓·奧博特能完成學業也是近乎奇蹟，只能說是機緣巧合。他七歲時，有名休假的士兵教他認字。還是小男孩的他很快就抓到訣竅，隔天便拿了本書，自己一個字一個字試讀。他的父母對此驚訝萬分，認為這麼一個有天份的孩子應該有機會受教育，便把兒子送去肯亞的學校。

他再回來時已成年，而且幾乎馬上便獲選進入烏干達立法委員會。

與此同時，阿敏還在與大英帝國的敵人展開激烈戰鬥。

奧博特很快變成為烏干達獨立的支柱之一。在烏干達傳統的部落王國中，規模最大、最強盛的是布干達王國。奧博特在首次投票前與卡巴卡（布干達國王的尊稱）結盟，卡巴卡也因此成了烏干達獨立後的首任總統，而奧博特則成了總理。

不過向來奮勇與大英帝國的敵人作戰，直到最後都效忠英國人與英國將軍，有著勃勃野心的陸軍副司令伊迪・阿敏，後腳也跟了上去。

12.

剛開始的幾個禮拜，我都沒見到總理本人。那是段艱難時期，每隔一會兒就有事發生，需要總理去處理。直到有一天，幕僚長奧喬克終於叫我去總理辦公室，並向總理介紹我：

「總理，這就是廚師歐銅德。」

原本正在看報紙的奧博特抬起眼看著我，只說了句：「甚好。」然後又繼續看報。

我的晉見便到此結束。

後來我才知道，「甚好」是一個人所能得到最好的誇讚。

我們走出辦公室後，我試著打探總理為什麼會問起我。奧喬克遲遲不願解釋，但最後還是鬆口說總理非常喜歡我的廚藝，最近還要求廚房只上我做的菜。

當時為奧博特工作的廚師已經有好幾人，每一個的教育程度都比我高。廚房裡，各個廚師都想技壓群雄，渴望成為總理的最愛，因此當他們發現奧博特只要我做的菜時，便開始在我背後說閒話，不再喜歡我了。而我對此無能為力，只能面對事實。

不過奧博特很快就把我當兄弟一樣喜愛。

他有一個專門跟廚房叫菜用的鈴鐺。如果他搖鈴，來的是別人而不是我，他就會說：「你來做什麼？叫歐銅德來。」

所以我就算是切肉切到一半，也得過去見總理。去之前我會先換上乾淨的圍裙，把手擦乾淨，然後像以前去見夫人那樣，用跑的跑過去。他見到我來之後就會說「叉以」，也就是「茶」，我就會為他端來熱茶，但我有一個祕訣是沒有任何人想到要做的。早上開始工作時，我會先烤好酥脆的餅乾，用來配茶剛剛好。當總理要我端茶過去時，我就會多送上一小盤當日現烤的香噴噴餅乾。這就是我與眾不同之處。不要只做他們要求的事，而是要試著預想等一會他們會需要什麼。這讓我省下不少功夫，我就不用五分鐘後又脫掉圍裙，擦乾淨雙手跑去拿甜食；又或者浪費半小時的時間，只為了替他在大白天烤那些餅乾。

要是有什麼不合他的意，他就會生氣，所以大家都很怕他，只有我除外。我知道自己的工作做得很稱職，有一雙巧手，總理不會沒來由就把我開除。我跟他只有一個問題——他很小氣，儘管我們的薪水不是出自他個人的口袋。剛開始工作的幾個月我都沒有領到薪水，我跟幕僚長提起這件事，只是他不喜歡我，所以我想他並沒有把事情報上去。

直到過了幾個月，才有人把這件事跟奧博特說。他要人每月付我三百九十東非先令。* 那並不算多，我想是相當於今天的一百美元。不過我總算拿到一些錢，心裡開始覺得比較踏實，可以把伊莉莎白接來烏干達。離總理府不遠的地方有一棟樓是給員工住的，她就跟我一起住在那裡。

在康培拉度過的頭幾年歲月很美好。直到那時候，我才覺得自己是個像樣的男人。我有一份工作，而且還是為總理本人工作。我有兩個好朋友——歐庫庫與歐索雷，我有一個與我同住的妻子。沒多久，我們的第一個兒子愛德華出生了，當時的我覺得接下來的人生只會更加美好。

13.

一九六三年，我們又多了一張吃飯的嘴。奧博特娶了一個叫蜜莉亞的女孩，長得非常漂

* 一九七〇年代在坦尚尼亞、肯亞及烏干達流通的貨幣。

亮，皮膚的顏色像加了牛奶的咖啡。

不幸的是，蜜莉亞不喜歡我跟總理的關係這麼好，這讓她很嫉妒。當她搬進總理府後，她便來到廚房跟我說：

「從今天起，由我來為總理做飯。」

這讓我感到意外，不過我不會去跟雇主的妻子爭辯，只是朝她行個禮，問她該準備哪些東西，有沒有需要幫忙的地方。她向我道謝，口氣不是很好。我知道我的朋友歐索雷，也就是奧博特的貼身男僕在幫她。歐索雷後來跟我說，他沒法拒絕奧博特的妻子。我用頗為冷淡的口氣跟他說這不關我的事，但內心的波濤洶湧自是不在話下。一直以來我都把他當作兄弟，他是我唯二的朋友。

隔天，蜜莉拉走進廚房，繫上圍裙，站在爐邊。我客客氣氣地完成她所有的請求，把湯杓、湯匙跟刀子遞給她。她當時煮了什麼？我不記得。但我記得服務生把那東西端上桌，盛給總理，而總理開始咀嚼，一湯匙，兩湯匙，最後終於問道：

「這誰煮的？」

「我。」蜜莉拉答。

「這是什麼東西？」奧博特大吼：「這天殺的是什麼意思？我們有專職煮飯的廚師！」

「身為人妻，就該為自己的丈夫做飯。廚師要煮，去幫別人煮就好。」蜜莉拉反駁。

奧博特用非常可怕的眼神看著她，一字一句地說：

「煮飯是歐銅德的工作，而妳的工作是吃他煮的東西。」

然後他要人給他盛我煮的東西。我早先當然抓了點空檔煮湯，還做了些肉，我可不笨。

蜜莉亞雖然氣炸，卻不能說出口，只是淡淡一笑，但這件事已被她牢牢記在心底。從那時起，我就成了她的眼中釘，生活有時也因此出了問題。

我對她總是親切有禮，她對我也一樣。不過那種親切有禮，只會出現在一個人極度痛恨另一人的時候。

14.

奧博特任內並非風平浪靜。其所掌管的政府軍因為軍餉過低而叛變，總統與政府間的衝突也日益升高，總理的政敵被關進監獄。更甚者，有人懷疑總理跟伊迪·阿敏將軍聯手，走私從剛果戰爭中搜刮而來的黃金牟利。當國會想要針對這件事情展開調查時，兩人發起了閃電政變。由奧博特策畫，阿敏執行，阿敏更親自殺進卡巴卡的總統府。

奧博特也跟英國人一樣，認為阿敏是個有用的合作對象，深信自己能牽制他的力量與殘暴，利用他達成自己的目的。

卡巴卡逃到倫敦，國會遭到解散。奧博特成了新總統，而包含自家的烏干達人民大會黨在內，所有反對勢力的領袖都給關進監獄。事實上也結束了這個年輕國家短暫的民主歷程。

歐銅德・歐德拉：

政變過後，我成了總統的廚師，而這一切都是天意。

我沒有去想他所做的事是不是合法。奧博特是我的主管，跟我同一個部落出身，把我當親兄弟一樣看待。我很高興我們兩個的關係能夠這麼好。

我的工作變得跟從前不一樣，而且改變非常大。身為奧博特總理的廚師，我主要是為他還有其他的員工做飯。我們的廚房裡總共有三個人，有時會是四個人，而這樣的人力綽綽有餘。

作為奧博特總統的廚師，我得替外國使節和他的所有行政團隊備膳，也就是好幾十人的份量。另外，我的廚房裡還有十幾個人等著我分派任務。

我先把廚房分成肉品、蔬菜及糕點三個部門，糕點部同時也負責烤麵包。每天早餐我們都會烤印度麵包，晚餐則是歐式麵包。我起得最早，清晨五點就已經在廚房。我會監控每個廚師的工作，親自料理要上總統餐桌的菜餚。我試過印度麵包恰巴蒂，也會煎薄餅皮。有需要的話，我也會開車去市集採買缺少的食材。

歐索雷的工作也變了，從貼身男僕升格成管家及男僕總管。雖然他從來沒有承認，但我知道他之所以能升職，都是因為他與奧博特的妻子蜜莉亞的關係很好。是她對著丈夫死纏爛打，最後丈夫受不了，只得同意替他升職。

歐索雷不再跟我及司機歐庫庫去喝啤酒。不管做任何事，他都想百般討好蜜莉亞。他幫她挑窗簾，陪她坐車去商店買床單與衣服。因為蜜莉亞不喜歡我，所以他也寧願跟我們保持安全距離。老實說，這讓我和歐庫庫很難過。不過每個人都得為自己的生活打算，歐索雷選擇當個馬屁精，我們也只能尊重。

總統都吃什麼呢？他很少吃肉，不過很愛馬拉光。這是一種味道辛辣的蔬菜，他喜歡配芝麻、石榴醬、花生或其他水煮蔬菜吃。他也喜歡魚，最常吃的是羅非魚，搭配蔬菜及木薯粉做的木薯餅，再不然就是用玉米粉和牛奶煮成的麵糰烏嘎里配魚排。

他最常要人準備的是英式餐點。一如我先前提到，他之所以會雇用我，就是因為我懂白人的菜該怎麼做。

所有人都稱總統為「博士」，因為他有博士學位。不過總統卻笑稱我才是博士——肚子博士。我在總統府裡的地位變得更加穩固，因為總統無法想像少了我的廚房。他覺得其他的廚師會把廚房搞得四分五裂。我在那邊紀律分明，他們不需要喜歡我，只要懂得畏懼我就好。

當然了，即使多出這麼多職責，奧博特卻連想都沒有想過要幫我加薪。我的工作報酬依舊跟我還是個廚房新手時一樣，維持三百九十先令。我得在下班後為有錢人烘焙糕點來賺取外快。

奧博特越喜歡我，我的敵人就越多，但我對此無能為力。換作其他人碰上這種情況，想必也是如此。一天，我跟總統的弟弟李文斯頓為了一件事吵起來。我們的關係其實很不錯，不過那天他不知道哪根筋不對勁，態度異常糟，對著我咆哮，而我也沒有跟他客氣。不管他是誰的弟弟，都不能這樣對我大吼大叫。

所以我掄起拳頭揍他。

「你完了。」他拋下這麼一句話，跑去跟奧博特告狀。我追在他後頭，想在路上再補他幾腳。我們一起闖進總統的私人書房。

總統的弟弟先跑進去，我跟在後頭。我們兩個都滿身大汗，氣呼呼的，我的一隻手還抓著他的襯衫。

「米爾頓，你的廚師打我！」總統的弟弟嚷道。

正在看報紙的奧博特抬起頭，先是看了看我，又看了看他弟，最後從牙縫擠出一句話：「李文斯頓，你沒有自己的家嗎？」

「我有。」總統的弟弟一頭霧水。

「如果你不喜歡我這，我的門可沒上鎖。」總統說完後，就不再理睬我們了。

我之前在做什麼？現在打算做什麼？我繼續打總統的弟弟，然後趕在做午餐的時間前回廚房。我跟了奧博特很多年，跟他的私交真的很好。我想他是真的很喜歡我。他結婚的時候，生小孩的時候，我都在他身邊。不過我去他那邊工作時是個窮光蛋，也就這麼一路窮下去了。奧博特執政期間，我一直非常辛勤工作，到頭來卻是兩袖清風，沒有積蓄，也沒有車子，甚至連摩托車都沒有，什麼也沒有。

這一切碰上伊迪．阿敏，注定要改變，而這樣的改變，好壞參半。

15.

奧博特跟阿敏兩人共同發動政變後的幾年，彼此關係變得十分緊繃。總統經歷過幾場暗殺，不是子彈擦過他的臉頰，就是有人朝他丟手榴彈，幸好沒爆炸，而他懷疑這些暗殺行動至少有一場是將軍策畫的。

不過他依舊認為將軍太笨，威脅不了他的政權，所以一直用高傲漠視的態度對待將軍。一九七一年一月他去新加坡參加大英國協高峰會，並打算在回來之後將阿敏打入大牢。

不過阿敏壓根兒也沒想過要被動等待。奧博特出國沒幾天，坦克車便開上了康培拉的街頭，士兵也封鎖住恩德培和康培拉的主要街道。這場政變進行得行雲流水，一如從坦克車砲管飛出的砲彈。奧博特提高賦稅，逼得人民得勒緊腰帶，大家都已經受夠他了。阿敏出手奪下政權，自然被視為是上帝的禮物。

如果我是一隻鳥，
如果我有一雙翅膀，
我會飛向遠方，

飛到奧博特躲藏的地方。

把他載回來給阿敏。

那一天，不管是士兵，還是烏干達老百姓，都唱著這首歌，還對著坦克車拋鮮花。

16.

歐銅德在廚房裡向來不含糊，在他面前沒有玩笑或廢話的餘地。他的媳婦和孫女不知為何突然笑出聲，他馬上一記責備的眼神射過去。對他來說，廚房裡應該要安安靜靜，有條有理。

「我的廚房一直都是這樣，工作可不是開玩笑的。廚房裡，我說了算。」然後他跟我道歉，不過就連我也得先把問題憋在心裡。烹飪是一件很嚴肅的事，不能分心。

所以我便靜靜地看他的媳婦與孫女切蔬菜，看歐銅德熟練地將魚剝皮、剖半、去骨，完成下鍋前的準備工作，看著他在所有東西裡都加入大量的鹽。

「阿敏都是吃這麼鹹。」他說。阿敏要人放過量的鹽，而我不確定自己能不能起碼嚥下一口。最後，我看著站到鍋子前的歐銅德變身成另一個完全不同的人。那是一種體內能量的改變，跟我之前看到的那個人不一樣。我覺得我好像在觀察一種巫毒儀式：歐銅德的表情變了，肢體移動的方式不一樣，看起來好像變得更年輕、更敏捷，整個人站得直挺挺。

不過，這並不是巫毒。這只不過是一個人站到了屬於他的位置，做著他所熱愛的事。

雞正在烤，魚馬上要起鍋，我們回到之前的話題——推翻米爾頓．奧博特，也就是自己政治夥伴的伊迪．阿敏。

歐銅德．歐德拉：

雖然連幾日都有跡象顯示可能有怪事發生，但當我們在午後的總統府裡聽見第一聲槍響時，還是沒人知道發生什麼事。自從奧德特去了新加坡，收音機裡便不再提到他，主要講的都是伊迪．阿敏。不過政變？我怎麼也想不到會這樣。之前在非洲已經發生過超過兩百起軍隊叛變事件，許多我煮過飯的總統現在都已經不是總統了，不過奧博特一直給人感覺一切都在他的掌控之中。

直到他們突然開始掃射，我們才驚覺大事不妙。有幾個人試圖逃離總統府。我的第一個念頭也是逃跑，但帶著妻子和幼兒，我根本跑不了。

我們聽到消息，軍人已佔領城市，見蘭戈人與盧歐人就殺。我們很害怕，但逃也沒用。我們從裡頭把總統府鎖上，靜靜等待。等什麼？等死。阿敏是卡夸部落出身，我們認為既然現在輪到卡夸人掌權，他們就會把我們通通槍決。

幸好沒人敢背著阿敏進入總統府，士兵只是把我們圍住，等待進一步的指令。到了傍晚，伊迪．阿敏將軍本人坐著吉普車到來，腰際一左一右各配一把槍，闖進總統府並召集所有人，要我們下樓去大廳。

我們一心以為會在那裡被亂槍掃射，甚至有人試圖躲到別人身後。

但阿敏卻開口：

「你們別怕，這對你們來說不會有任何改變，照常工作。」

然後，他要人為他上晚餐。

我有現成的晚餐可以上嗎？當然有。前一場政變教會我，會政變的都是將軍。廚師的職責就是要有洗乾淨的雙手和圍裙，還有做飯。你絕對不會丟飯碗，因為他們要是發動政變，就會空著肚子前來。只要你有好東西給他們，他們就可能不會殺你。

你能想像若阿敏政變了一整天，晚上坐車進總統府，結果卻沒有做好的晚餐在等著他會怎樣嗎？他一定會讓我們生不如死。餓肚子會讓人發瘋，這我看多了。

當時我準備了羅非魚和山羊肉抓飯——我記得阿敏喜歡抓飯。我們鋪上乾淨的桌巾，擺上奧博特從英國人手中接過的銀色餐具，把一切都端上桌。阿敏一定覺得自己贏了，值得吃頓佳餚來犒賞自己。你自己說吧，有什麼獎賞會比由穿著上等鞋子和西裝的廚師，端上來的現做餐點還要好？

就像當年推翻卡巴卡一樣，士兵們開始在總統府周邊的花園裡紮營，我們也為他們準備了雞肉與抓飯。他們同樣辛苦了一整天，也該得到點東西吃。

17.

阿敏一吃完晚餐便跑了出去，等著我的卻是一則很讓人傷心的消息。附近軍營的士兵打電話來，說他們那邊有具屍體，是我們這邊的人，因為那人是開總統府的車。

沒人想坐車去認屍，大家都很害怕。既然我們已經知道府裡很安全，就最好不要把腦袋瓜探出去。但那邊得有人過去，所以我出發了。再說，我有一種非常不妙的預感。

士兵把我帶去廣場，那裡停了十幾輛車。他們給我指了其中一輛皮卡貨車上，被子彈射了十幾個洞的屍體。

那是奧博特總統的司機索羅門．歐庫庫，我最好的朋友。

他們幫我把屍體搬上車。我把歐庫庫載回府內，擺到其中一間冷凍庫裡。我坐在冷凍庫外不斷抽泣，無法自已，像個年幼的孩子一樣又哭又吼，直到天明。

後來我才知道歐庫庫是英勇死去。他看到阿敏卡夸部落的士兵在屠殺蘭戈人與盧歐人，便開車去找住在城郊的同村，載了滿滿一整車的人去恩德培搭船，打算前往肯亞。去程進行得很順利，因為士兵還不知道他在做什麼，不過回程他就在一座哨站被擋了下來。士兵宣稱是他先開槍，好像還殺了一名士兵，所以他們便殺了他。這個說法我並不買帳，歐庫庫的個性很溫和。

過了幾天，情況稍微穩定了些，我便安排將歐庫庫的遺體送去肯亞。我問我們共同的友人歐得羅．歐索雷想不想幫忙。他說他想，不過手邊有太多事要做。阿敏的身材高大魁梧，作為貼身男僕的他得為阿敏添購新裝，從鞋子到襯衫到西裝，全都得換新。

「不過，兄弟，我很確定你一個人也行。」他還補了這麼一句。

歐庫庫的遺體渡過大湖，去了基蘇木，他的家人在那裡接他。他有一座漂亮的墳，很多人都來了，其中也有那些他載去搭渡輪的人，那些因他而獲救的人。

我得把淚水吞下肚，正常工作。跟著奧博特的時候，我可以比較放肆，因為他很喜歡我，不過在阿敏身邊就不是同一回事了。我打從一開始就知道，自己的小命得靠廚藝來保。

18.

雖然阿敏的人殺了歐庫庫，我還是相信他會是個好總統。更何況，我的生活大大改善了許多。

事情是這樣開始的：卡巴卡在政變開始前半年便死在英國。人們說他是被奧博特毒殺的，不過我不知道這是否為真。

卡巴卡在烏干達依然很受歡迎。阿敏在成為總統後，派專機將他的遺骸送到康培拉，為他打造了一座富麗堂皇的墳塚。阿敏站在人群中的第一排，淚流滿面，好像裡頭躺的是他父親，好像跟奧博特聯手推翻卡巴卡的人不是他。

卡巴卡的遺體由兩名軍官從英國運回來。他們在總統府過夜，一下飛機就吃到我為他們做的晚餐——蔬菜湯和牛肉腰子派。牛肉腰子派是填了牛肉丁與腰子丁的餡餅，是我還在夫人那裡時學的。另外我還準備了巧克力布丁。

早上，英國人來見阿敏，一開口就是問晚餐的事。

「總統先生，昨晚的招待真是美味至極。您的廚師是白人嗎？」

「我廚師的膚色跟我一樣白。」阿敏打趣地說。

英國人並不相信他的說法，於是他要我過去。他們說的話我一個字也聽不懂，但我很有禮貌地向他們行禮，不斷重複「謝謝、謝謝」。

英國軍官們滿面欽佩，阿敏也驕傲地趾高氣揚。他一心想向白人證明黑人並不會比較差。是以當英國軍官一飛回倫敦，他便派人來找我。

「歐銅德，你領多少薪水？」

「三百九十先令，總統。」我答道。

「真的？這麼少？」他詫異地提高音量。

接著他馬上叫來幕僚長。

「打電話去維多利亞湖大飯店，問他們那邊的主廚薪水多少。我要你立刻替歐銅德加到同樣數字。立、刻、去、辦！」

幕僚長點點頭。儘管不情不願，他還是打了電話。

原來那裡的主廚薪水是一千零一十七先令。

那從此就成了我的薪水數字，而且總統還下令要補償我他掌政三個月間短少的薪水。

從那時候起，我就成了整個總統府雇員裡賺最多的人。幕僚長的薪水從奧博特時期就沒有加過，但這口怨氣他得硬生生吞下肚。

沒過多久，他又再吞下第二口怨氣。一天，他叫我去大廳，硬擠出一個笑臉說：

「歐銅德，我有一份驚喜要給你。」

我用圍裙擦擦手，跟著他走。車道上停著一台亮晶晶的全新黑色賓士。

「這是總統送給你的禮物，讓你可以開車去採買。」他說。

我朝幕僚長鞠了個躬，感謝總統送的禮物，並承諾自己未來會繼續努力工作，不會讓總統失望。

對於我的這番話，他沒有半句回應。他也一樣工作得很辛苦，很敬業，卻沒有專車供他使用。府裡大部分的員工也沒有。我的天啊！現在想來，還真是覺得不好意思，但當時的我為自己感到非常驕傲，睥睨眾人。當然，看著阿敏和他的手下是如何對待奧博特的人，我心裡很不好受。很多我認識的人都必須逃出國，有幾個人，包含司機歐庫庫在內，都遭到殺害。不過阿敏政府對我來說，代表的是翻了兩倍的薪水及一台亮晶晶的賓士。如果我說自己不喜歡這一切，那我可就是在說謊了。

19.

倫敦塔臺的管制員碰上一個棘手的難題。從南方飛往倫敦的飛機中，有一架請求降落，聲稱機艙內坐的是烏干達總統，陸軍元帥伊迪．阿敏。

阿敏當年在皇家非洲步槍團的長官伊恩．格拉哈姆少校回憶道：

「國內沒人知道他要來，也沒人知道他為什麼要來，幸好女皇同意隔天跟他共進午餐。喝咖啡的時候，女皇看著客人問：『總統先生，請告訴我，我們何其有幸能接待您？』阿敏聞言，忍俊不住，縱聲大笑。待笑聲停歇，才解釋道：「陛下，在烏干達很難買到十五號*的棕色鞋子。」

阿敏熱愛英國的一切是出了名的。他的頭銜年年增加（烏干達終身總統閣下，陸軍元帥，陸生萬物及海中魚族共主，維多利亞十字勳章、傑出服務勳章及軍功十字勳章受勳

* 相當於美規十四號或歐規五十號。

人），每當廣播提起阿敏的名字，都得在前面加上這一串。他最後更自封為「最後的蘇格蘭王」及「大英帝國征服者」。他一聲令下，軍中就組了樂隊，穿蘇格蘭裙，演奏蘇格蘭風笛，在所有重要典禮上都要。

「他對蘇格蘭的喜愛是承自於我。」身為蘇格蘭人的格拉哈姆少校笑道：「我們常常跟阿敏同睡一個帳篷，聊天聊到天亮，聊部落，也聊蘇格蘭的家族。」

事實上，阿敏飛去倫敦不是為了買鞋，而是想在英國買武器，好加強烏干達軍隊的武力，才能與周邊各國較勁，包括庇護奧博特的坦尚尼亞在內。但他的採購計畫沒有成功，因此對英國懷恨在心，將其視為主要敵人之一。

要是有人以為阿敏是個無憂無慮的傻子，可以任人搓圓捏扁，那麼在阿敏掌政的十幾個月後，這人一定會知道自己錯得有多離譜。

20.

新總統對我只有一個要求，他是個穆斯林，因此要求所有為他工作的人行割禮。我若是想繼續在府裡工作，就得割包皮。

這讓我有點訝異，因為我不覺得宗教對阿敏來說有這麼重要，不過阿敏不容人討價還價。行了割禮的人有幕僚長奧伊特．奧喬克、身為主廚的我，還有我那升格為阿敏管家的朋友歐得羅．歐索雷。歐庫庫走後，我們再度變得親近，這讓我很高興。我們有時候會在下班後碰面。他是唯一一個可以讓我放心吐露困擾的人，我只能向他訴說自己有多想念歐庫庫，這一點只有他能明白。

在我們之後，剩下的人，連同廚師、侍僕、助理等也都行了割禮。我們都是去負責總統及總統家人醫療的穆拉哥醫院約診，整個過程花不到一分鐘，結束後馬上能返回崗位工作。

後來阿敏跟歐洲各國及以色列撕破臉，改與利比亞的格達費上校交好，伊斯蘭教對阿敏的意義才變得更為重大。格達費甚至在康培拉的市中心蓋了一座清真寺，阿敏有時會開車過去祈禱。我見過格達費兩次，他跟我像兄弟一樣擁抱，吃我做的飯，但我沒機會跟他多聊兩句。

明眼人都看得出來，穆斯林對阿敏的重要性日漸加深，歐索雷也因此變得有些奇怪，冷不防就皈依了伊斯蘭教。眾人都把這當成笑話看，因為他這舉動顯然是為了討好阿敏，跟之前對奧博特妻子蜜莉亞的做法是同一套。阿敏開始稱呼歐索雷為「哈吉」，這稱呼只有對去過麥加和麥地那朝聖的人才能用，而我的朋友還沒去過那兩個地方。

當時我想，歐索雷做得太過火了。我們不需要拍阿敏的馬屁，他是個慷慨的人，我不用阿諛奉承。光是因為接受割禮，就收到他送的禮物。不過我並沒有評論朋友的做法，我們還是會在晚上碰面，聊我們覺得重要的事。

我們兩個都很滿意自己的工作。奧博特從來沒有跟為他備餐的我說過「謝謝」，歐索雷好像也沒有聽過奧博特感謝他準備服裝。奧博特對所有的人，甚至是家人，都高高在上。而阿敏呢？如果我為他準備了什麼特別的東西，他就會在信封裡放點錢給我。每次我上餐，他平均都會跟我道謝五次。

21.

阿敏當家的時候，我穿得比較好，還有賓士公務車可用。過了一段時日，我也為自己買了台福斯金龜車。我的妻子為我生了第二個孩子。大兒子愛德華進了一所非常好的學校，政客與各部會首長的孩子也都是上那家學校。阿敏多次說服我：「歐銅德，你是很有能力的廚師，收入高，應該要擁有更多女人才對。」

一晚，他看見我在晚餐時間與一名年輕女性說話，便走過來搭住我們的肩膀，問那名女孩對我有什麼想法，想不想更進一步認識我。他說我的廚藝高明，跟我在一起，她一定能吃到很多山珍海味。

當時有些女性會特別來總統府參加宴會，好為自己找個丈夫或成為他人的情婦。她們的對象也許是哪個部長，也許是哪個具影響力的官員，如果都不成，廚師也行。在這個糧食短缺的國家裡，廚師甚至是更好的對象。

既然總統本人都開口問那名女孩想不想更進一步認識我，對方又能怎麼回答呢？沒多久，她變成了我第二個妻子。我不是穆斯林，但我們盧歐人也可以擁有數名妻子。阿敏喜好漁色，羅曼史接二連三，情婦約會不斷，老是流連花叢。這是個不容人拒絕的對象，要是有哪名女性不接受他的求歡，就得逃到國外，否則他一定會加以報復。若他看上有夫之婦，他的護衛將對方丈夫殺掉也是常有的事。他喜好漁色這一點也會投射在他人身上。在我的第二場婚禮過後，他常跟我說，就算已經有兩個妻子，對我來說還是太少。出門時，要是我在社交場合跟哪個女孩說話，阿敏的手下就會出現。那人叫薩巴薩巴，總是隨身帶著一箱現金。他悄悄把我帶到一旁低聲說：「總統想要你跟這名小姐玩得開心。」

然後他給了我幾千先令。

那貌似不是命令，聽來只是玩笑，不過阿敏不容人拒絕。這對他來說是種餘興節目，他就坐在那裡，將觀察四周當作是種娛樂，看著人們貼近彼此。

就這樣，因為阿敏，我又娶了兩名烏干達女性。一名是我去金賈出差時載回來的，另一名是來自他家鄉附近的村落。舉行婚禮前，總統總是會遞給我們一紙裝了錢的信封，向我們保證他會照顧我們跟我們的孩子。我沒什麼好埋怨的，他確實說到做到。我們有額外的津貼，食物和衣著從來都沒少過。

作為阿敏的廚師，我登上了事業的高峰。廚房高達八百萬先令的年度預算，由我一人全權負責。碰到有宴會的時候，我可以一個人準備上百隻烤雞，這對我來說不是難事。我很喜歡這份工作。

我最偉大的發明就是一道烤全羊。我們把山羊的內臟全清空，切掉下巴，在羊身裡塞進米、馬鈴薯、胡蘿蔔、洋芹、豌豆及一點香料。當然，這些全都跟切成丁的山羊肉混在一起。我們把羊放進烤箱，稍微上色，最後再把下巴貼回去。山羊會以站姿送上桌，彷彿牠還活著。所有的人見了這道菜都很驚喜，那羊看起來就像剛吃完草回來，卻是一道馬上就可以吃的菜。

跟著阿敏的頭幾年可說是我的黃金時期。那段歲月裡留下的，就只有兩套高貴的西裝，再無其他。

22.

阿敏一直防著所有人，怕他們會威脅到他的政權，尤其是高知識份子、富人或與前政府有所聯繫的人。所以警察與軍隊擁有無限的權力，可以高呼法律之名奪人性命。公安部門殺害了許多人，沒有任何限制，也無須承擔後果。

這些祕勤組織在烏干達首都康培拉的正中心有座專屬地牢。人們在前往上班的途中常會聽見裡頭傳出槍響，或是被刑求者的尖叫聲。不過阿敏的人最常用的兇器是榔頭跟開山刀。

一如前阿敏政府的部長亨利．克耶姆巴[2]在書中所提，政變後的幾年間，有數百人喪生，受害者多到墓穴不夠埋。祕勤組織沒將他們安葬，反倒將遺體丟進尼羅河任鱷魚啃食。克耶姆巴擔心自己會有生命危險，遂而出逃英國。

歐銅德．歐德拉：

情況一年糟過一年。總統府裡每個人都有認識的人丟了性命。奧博特執政時期的部長和烏干達人民大會黨的政治人物無端消失，再被人找到時已是冰冷的屍體，沒有手，沒有腳，沒有耳朵，沒有舌頭。

你問我怎麼能為這樣的怪物做飯？唉，我有四個妻子和五個孩子，阿敏把我牢牢綁著，讓我走不掉，我甚至沒注意到他是什麼時候把我綁住。少了他的錢，我的生活會有困難。當時的我已經完全無法自力更生，而他也明白這一點。他對於身邊的護衛、底下的部長，甚至是友人，似乎也是這個做法。

我心裡很清楚，對於那些遭他殺害的人，自己是完全幫不上忙。因為我該怎麼幫？對阿敏下毒？那我也會丟了性命。再說，誰又能保證下任總統不會是個劊子手？

我們這些總統府的人全都知道，自己是在為一個可能才見面，就下令把我們全都殺光的瘋子工作。不過這種事並沒有發生，直到出了抓飯事件，才有所改變。

事情是這樣的：我做了非常甜的葡萄乾抓飯。這是一道簡單的菜，先把米煮好，加上葡萄乾，最後再撒上肉桂。阿敏十三歲的兒子摩西繼承了父親的胃口，吃到幾乎要撐破了肚子，結果開始肚子痛，而且痛得厲害。

阿敏認為他的兒子被下毒了，開始在府裡奔跑與大吼：「要是他出事，我就殺光你們！」

我沒有等著看接下來會怎麼樣，而是抓了他兒子從後門溜走，開車去穆拉哥醫院找總統的家庭醫生。醫生按壓男孩的肚子檢查，我趁這個時候去打電話，要接線小姐把我接到總統府。

阿敏在這段時間裡完全氣瘋了，不斷喊著：「毒藥！毒藥！」所有人都相信我真的對摩西下毒後逃走，而他們因為我都將人頭不保。所以當幕僚長聽見我的聲音時，馬上把話筒交給總統。後來我才知道，總統當時是一手拿話筒，一手拿槍抵住某個廚師的腦袋。

與此同時，醫師還是不斷按壓摩西的肚子，直到他放出一個好大的屁。

「我感覺好多了。」摩西說。

醫師跟阿敏報告男孩沒事，只是吃太多，腹脹氣的情況還會持續一段時間。

後來阿敏把這當成是個逗趣的玩笑，一連說了好幾個禮拜。每次看到我，他都會笑開懷，拍拍我的肩叫道：

「放屁，放屁！」

這對我來說沒那麼好笑。當時要不是我保持冷靜，帶摩西去醫院，我可能已經不在了。

23.

康培拉的人到今天都還在傳，說阿敏會下令殺人，然後喝掉對方的血，或是會吃掉他們的肝。至少，他本來是要對試圖推翻他的參謀長查爾斯・阿魯博這麼幹。亨利・克耶姆巴在書中寫道：「擔任衛生部長時，阿敏有幾次堅持要跟那些死在他手中的屍體獨處……。當然，沒人知道他在那裡做什麼。烏干達大多數的人都相信，他要做的是一種血腥儀式。」[3]

不過克耶姆巴在別的地方提到，阿敏做了許多事要讓人覺得他難以捉摸，說不定屍體的事也一樣？

伊恩・格拉哈姆少校也持同樣的看法：「我不相信他是個食人魔。當然，我對於他殺人這件事覺得很遺憾，但我不相信他把那些人吃下肚。」

阿敏不斷給人震撼教育，大家都很怕他，也因此對他更加容忍。稱呼阿敏為食人魔與野蠻人的這種行為，同樣符合歐洲國家的需要——它們能藉此譏笑非洲國家的獨立運動。

沒有人真正目擊阿敏吃人肉。就連逃離阿敏毒手沒多久便出版回憶錄的克耶姆巴，也沒有在書中揣測總統是否為食人魔。這只不過是些在坊間流轉的二手小道消息。

不過我現在接觸的可是第一手來源！阿敏是不是食人魔這件事，如果不是問身為阿敏多年廚師的歐銅德・歐德拉，還能問誰呢？跟他交談一個禮拜後，我終於鼓起勇氣。

「很多人都說阿敏是個食人魔……」我開了口。

歐德拉深深吸了一口氣，看來他早就料到我會提出這個問題。在那棵我們促膝長談的大樹底下，坐在箱子上的他思索了一段時間，才終於開口道：

> 我敢對天發誓，我從來沒見過這樣的事。我的確聽過有人這麼說，也被人問過很多次，問我是不是有為他煮人肉。
>
> 沒有。這種事從來沒有。
>
> 我從來沒在冷藏櫃和冷凍庫裡，看過來源不明、非我親手採購的肉，也沒有煮過這樣的肉。軍隊從沒拿過來源不明的肉給我。食材採購都是我一手包辦。

然後歐銅德開始掉淚。

淚水沿著他的下巴滴在格子襯衫上。他深深盯著我看，似乎在確認我是否相信。就好像他無法接受自己必須回答此等問題。就好像他無法想像為他的薪水調高兩倍的那個人，讓他擁有四名妻子和兩套西裝的那個人，把錢放在信封裡給他付學費和養孩子的那個人，每天吃他做的營養抓飯、烤魚和親手切菜上桌的那個人，他像個母親對小孩那樣餵養的那個人，他關注對方心情感受許多年的那個人，會去吃別人的心肝。

24.

阿敏有個綽號叫達達，因為他被人抓到跟情婦在一起的時候，就會這麼辯解：「這不是情婦，是達達。」達達在斯瓦希里語裡是妹妹的意思。軍中兄弟覺得這實在太逗，便開始這麼叫他，這個外號也就這麼跟著他了。

他正式的妻子有五位，都不是住在總統府，而是住在總統府旁的一棟房子裡，只有用餐的時候才會進到府裡頭，晚餐後便會離開。她們跟我說話的時候，通常只是要問甜點是什麼——是水果蛋糕或起司蛋糕。有時她們也會在夜裡到廚房探頭，看看有沒有什麼東西能解解饞。阿敏很少待在府裡，所以我想她們應該是覺得很寂寞。說到調適心情，沒有任何一樣東西比得上甜食。

我有跟她們交談嗎？沒有，廚師的工作不是跟總統的妻子交談。即便她們主動嘗試，我也總是客氣但堅決地結束話題。阿敏到處都有眼線，我很確定廚師裡也有人負責跟情報機關回報。我可不需要有人在一旁講閒話，說我跟阿敏的妻子關係密切。

再說，她們的生活本來就很不容易了，不需要有人雪上加霜。

一回，阿敏獨自開車出城。他常常自己開車出門，沒有帶上任何護衛，但那一晚總統府裡響起電話聲，說總統出了意外。我們所有人都嚇傻了。他的第一任妻子瑪蒂納開始整裝準備去醫院。我們全急得像熱鍋上的螞蟻。

正當我們這群六神無主的無頭蒼蠅到處亂飛，阿敏竟憑空出現在總統府裡。他沒有大礙，只是一隻手纏了繃帶，然後一臉暴怒。看見穿得漂漂亮亮的瑪蒂納，他從門檻便開始揍她，一邊還大吼：「妳穿成這樣，是以為我死了是吧？」

然後他繼續對她施暴，下手毫不留情。

所有人都看傻了，一動也不敢動。我們深怕阿敏會把瑪蒂納當場打死，然後再拿我們開刀，直到有個阿敏百分之百信任、名叫奇基托的人開口喊道：

「總統先生，請住手！」

阿敏馬上從槍套裡拔出手槍，朝奇基托開槍，一槍，兩槍，三槍。

儘管奇基托站得離總統很近，卻沒有半發命中。他保住了性命，瑪蒂納也是。

府裡的員工全都噤聲，各自回到工作崗位，但我們心裡都知道，若是阿敏能在我們面前痛打他的妻子，能在我們面前朝他如手足般信任的奇基托開槍，那麼他就隨時都有可能槍決我們當中的任何人。

我們每個人都必須以自己的方式來面對這件事。幕僚長奧喬克變得謙卑，試著當阿敏肚子裡的蛔蟲。我的朋友管家歐索雷成了虔誠的穆斯林，每天上班前及工作空檔，都會朝著麥加的方向膜拜，一有空就前往麥加朝聖。至於我呢？我相信自己的手藝好到讓阿敏不會殺了我。不過每在府裡多做一天，我對自己能活著走出總統府的信心就多減一分。

阿敏的五名妻子中，有兩名慘死，想必是他下的命令。有位叫凱依的下場更是淒慘，被阿敏五馬分屍。

直到有一天，也輪到我了。

25.

一天清早，我剛從肯亞探望母親回來。透過浴室的小窗口，看見我們的房子被士兵包圍。有幾名匍匐在地，有幾名偷偷摸近。我不知道是怎麼回事，但情況看起來真的很不妙。

最後有人敲響我家的門。那是名烏干達部隊的軍官，我不認識。我把門打開，卻被他大力一推，跌在地上。然後他命令我打開行李箱給他看。

裡頭只有一件襯衫跟一條褲子。

他把行李箱仔細搜了一遍，除了衣服，什麼也沒找著。接著他說：

「這裡頭什麼都沒有，不過沒關係，我們知道你想要刺殺總統，幸好有人事先向我們密報。」

我想刺殺阿敏？不。我還年輕，還想活命，不想傷害任何人。我開始哭，向對方解釋這不是真的。伊莉莎白撲到那名軍官腳下求情。不過沒人要聽我說，也沒人要聽她說。那些士兵在我背上擺了一根鐵棍，將我綁起來，並抓住我的兩邊手肘。他們將我逮捕，塞進大卡車，載去維多利亞湖畔的地牢，把我跟其他被判刑的人扔在一起。那是一個很可怕的地方。有人嗚咽，有人哭泣。地板上躺著幾名男子，我不知道他們是奄奄一息，還是已經斷氣。

我知道自己再無重見天日的可能。每個活在伊迪·阿敏統治國度裡的人都知道這一點。

我突然從每天與總統、部長、穿著光鮮亮麗的人們見面的世界，落入了四周牆面滿是血跡與糞污、只能等死的地牢，不禁嚇得哭了出來。

我意識到這不是一場夢，我也跟地牢裡的其他人一樣在等待死亡。我開始祈禱。我當時是這麼說的：「上帝呀，我知道人皆有死，自己也逃不掉，不過我請求祢，不要在這裡，不要是現在。我非常想要再多活久一點。祢當初救了我，讓我成為十四名孩子唯一存活的那一個，可不是為了要讓我有今天的遭遇。祢當初救了我，讓我免成鬣狗和河馬的口中肉，可不是為了要讓我這樣完結一生。」

那天夜裡我根本沒有闔眼。

隔天破曉，士兵來了，把我帶到外頭，我很確定自己要走向死亡。不過他們並沒有殺掉我，而是把我推進一輛車裡，載去總統府外。伊莉莎白與孩子們正在那裡等著我。

我一被逮捕，那些烏干達籍的妻子便一溜煙跑了，我從此再也沒有見過她們。

士兵把我們所有人都塞進車裡。我們不知道他們要把我們載去哪裡。伊莉莎白不斷低聲哭泣，而我則在腦中思索自己犯了什麼錯。也許我處事太不圓滑？也許大家認為我是個很不好相處的人？可是我從來沒有傷過任何人，會讓人想要取我性命！畢竟跑去跟阿敏說我打算毒殺他的那個人，一定很清楚阿敏會把我叛死刑，而且是連我所有的妻小都會一併處決。

我們經過尼羅河注入維多利亞湖的金賈，我心裡一沉：「唉，他們是要載我們去馬加馬加。」那是行刑地點。

不過車子並沒有轉向馬加馬加。

一直到我們抵達烏干達與肯亞交界的城市布希亞，我才明白他們不會殺掉我們。上帝決定拯救我。伊迪．阿敏饒了我一命，而原因我至今仍不明白。

士兵攔下一個肯亞軍官，告訴對方我是總統府的廚師，因為被他們緊急驅逐出境，身上沒帶任何證件。肯亞人互相交談了一下，然後解開我的手銬，要我回家。

我連一把鍋子、一條換穿的褲子都沒有。什麼都沒有。

我得從頭開始。

26.

阿敏將歐德拉驅逐後，繼續執政了兩年。後來他向坦尚尼亞挑釁，掀起戰爭，不久便被坦尚尼亞的軍隊趕下臺。

一九八〇年五月，米爾頓．奧博特回到康培拉。

歐銅德．歐德拉：

奧博特一回歸，便派出一名侍衛來尋我。那人花了幾天時間，費了很大一番心力，才終於在肯亞的首都奈洛比找到我。

被阿敏趕出烏干達後，我換了許多工作。我騎過波達波達計程機車，去飯店送過擦手紙。那名侍衛找到我的時候，我正在賭場裡當清潔工。

得知奧博特再度成為總統，想找我回去，我二話不說便辭了工作，跟著侍衛回康培拉。到了之後，我被擺到一個房間裡，要我在那裡等。幾分鐘後，總統推開大門。他看著我，然後馬上後退，掉頭就走。他甚至一句話也沒說。

那些侍衛告訴我：「抱歉，歐德拉，事情顯然有誤。我們要找的不是你，是管家歐索雷。蜜莉亞很喜歡他，是她下令找人的。你們倆的姓很像，他們帶成你了。」

聽到這裡，我的心都碎了。現在怎麼辦？我甚至沒錢買票回肯亞。

一名服務生突然給我送來一瓶冰涼的可樂。他打開瓶蓋，將可樂倒進玻璃杯。

這看得我一頭霧水。怎麼會突然冒出這瓶可樂？

過了一會兒，奧博特的助理來了。他跟我說總統下令把我載去維多利亞湖飯店，那裡已經為我備好了房間。

我已經完全搞不清楚了。可樂？飯店？五星級飯店？為什麼奧博特一見到我便轉頭走人？

後來人家才跟我說，原來當時奧博特哭了，而且哭得像個孩子一樣，不想被其他人看見。於是我又回到了總統府，繼續為他工作。

又過了些日子，我才知道當初蜜莉亞確實在找歐得羅．歐索雷。不過歐索雷是阿敏團隊裡唯一接受伊斯蘭信仰的人，他跟著阿敏一起被驅逐，去了沙烏地阿拉伯，在那裡繼續當阿敏的管家。

27.

米爾頓．奧博特繼續掌管烏干達五年。命運給了他額外的機會，被推翻的領袖沒幾個能回到原本的位置。但誠如英國《衛報》的評論家後來寫道，他「搞砸了」。[4] 國家北方爆發叛變，他以殘忍的攻擊回應。儘管預設的攻擊目標是叛亂份子，卻大規模波及平民。一如阿敏時代，軍隊再度刑求、屠殺人民。不過犯下這些罪刑的並非是身材魁梧、被人當作蠢蛋的前拳擊手，而是井井有條、學識淵博的紳士，這場叛變因而沒那麼有戲劇性，西方媒體不大有興趣報導。儘管奧博特在第二任期內斷送了幾千條性命，卻幾乎沒人提起這件事。

一九八五年，約韋里．穆塞維尼帶領抵抗軍奪下康培拉，奧博特別無選擇，只能二度逃離國境。穆塞維尼直至今日仍是烏干達總統。

歐銅德・歐德拉：

這一回我再度準備好一切，在游擊隊入府後，把東西全擺上桌。不過這次的情況跟奧博特和阿敏那時候不一樣。游擊隊帶了自己的廚師團隊，那都是他們所信賴、在戰鬥期間一直為他們備餐的廚師。他們不可能吃任何我煮的東西。我對他們來說是可疑份子。

我跟新總統沒有說過一句話。我們的互動就僅限於在走廊上錯身，他想必連我是誰都不知道。幾天後，我收到離開總統府的指令。我跟妻小去肯亞。我們只有兩套西裝，幾個行李箱和一台摩托車。我又得從頭開始。

我在一間叫「天主之力滿人間」的教堂，找到為主教開車的工作，更透過主教認識了主。我開始參加教會活動，直到今天依舊每週日都站在教堂第一排，用自己像聖經中約拿逃離鯨魚肚那樣的非凡人生，見證主的偉大，以及主是如何以不凡的途徑來領導我們。我知道自己不久便會遇見耶穌，就如同我現在看見你一樣。

我準備好了。

我已經八十多歲，越來越沒有氣力。這屋子的情況你也看見了，屋頂和牆面滿是破洞，大到能用手掌穿過。只要一下雨，就會淋在我們頭上；只要一刮風，就會吹在我們臉上。你也看見我們屋外的茅廁——只是地上的一個大坑。每當半夜如廁，我都怕會掉進坑裡，沒人來得及發現便淹死在糞便中。你說，一個曾為多位總統備膳的人，會過著這樣的生活嗎？一個曾跟利比亞的格達費上校，以及衣索比亞末代皇帝海爾·塞拉西一世握過手的人，會過著這樣的生活嗎？

而儘管我越來越沒有氣力，家裡卻有越來越多事必須要我獨力完成。我的伊莉莎白還跟我在一起，但也已經非常虛弱了。我是說，她的身體狀況很好，但腦袋已經跟不上身體。有時她走出家門，找不到路回來。最近她有時候會看著我，笑著問我是誰。

28.

我回到我的村落，伊迪·阿敏的管家歐得羅·歐索雷在幾年後也回來了。他一直服侍阿敏到最後一刻。儘管我們之間曾有過各種不理解，卻是相識多年的好友，因此只要有人去他的村子（離我的村子約半個鐘頭路程），我就會請對方代為致意。

不知為何，我的致意他從來沒有回過，甚至從來沒有託人向我說過「願上帝與你同在」。

我暗忖：「這是因為我信耶穌，而他是穆斯林嗎？可是這難道會影響我們的友情嗎？我不明白。我也有很多穆斯林朋友啊。」

直到有一天，我在基蘇木的市集遇見一名曾在總統府送信的男人。我向對方說了我跟歐索雷的矛盾，並說我想去找他問清楚是不是對我有什麼誤會，也想跟他一起話當年。

這名熟人像看傻瓜似地看著我。

「歐銅德，你什麼都不知道嗎？」

「見鬼了，我該知道什麼？」

「歐銅德，跟阿敏說你想殺他的人，就是歐索雷。就是因為他，你才會差點沒命。」

原來這事府裡的人都知道。只有我不知道。

29.

歐索雷幾年前過世了。直到他死前，我們都沒有再見過面，所以我也沒有辦法當面對他說我知道他的背叛。

我也沒有辦法告訴他，感謝基督，我原諒他了。我對著整個教會說過：「主啊，請祢拯救我兄弟歐索雷的靈魂吧。」

兄弟，在結束前，讓我們一起禱告吧。為你禱告，為跟你親近的人禱告，為我的妻子禱告，為我的孩子們禱告，為索羅門．歐庫庫與歐得羅．歐索雷的靈魂禱告。

為米爾頓．奧博特與伊迪．阿敏的靈魂禱告。

主啊，請記得他們的一切。

主啊，也請祢記得如此受祢眷顧的我。有一件事我知道：儘管我越來越沒有氣力，儘管有時夜裡我的耳朵會滲血，儘管有時我覺得自己像聖經中失去一切的約伯，但主啊，我知道祢一直都與我同在。我知道祢當初拯救我，不是為了要讓我在已認不得我的妻子身邊，在外頭有著我害怕跌落的茅廁，裡頭風聲呼嘯的自宅裡，以這樣的方式結束人生。主啊，我知道、也深信祢會再度向我伸手。我知道還有美好的事物在等著我。我知道，因為你不是為了要讓我在這個地方、以這樣的方式結束生命，才賦予我這樣的人生。

主啊，我知道就算我因飢餓而昏睡（這種事有時會發生），祢也會把我像個嬰孩一樣放進地洞，用胎盤包住我，就像我母親曾為我做過的那樣。

阿敏的廚師歐銅德・歐德拉。
© Witold Szabłowski

歐銅德・歐德拉的妻子伊莉莎白。© Witold Szabłowski

點心

成為波兄弟的廚娘後，我有了專屬的小屋，位置幾乎就在我們K5基地的正中心。起先我一個人住，凡是烹飪會用到的東西，像鍋子、湯匙、刀子、砧板等，裡頭一樣也不缺。直到後來營區擴增，才又多了一位廚娘跟我同住。

離我們小屋不遠的地方，還有另一間房，裡頭什麼都沒有。我不知道那間房是要給誰或做什麼用。沒有人提過那間房子的事，而我也沒有問。我已經學會在組織裡，別人沒有提的事，最好不要主動過問。

我每天五點一過就起床為波布準備早餐。從我小屋可以看見他的小屋，所以我常常在外頭做事。我想聽他什麼時候起床、什麼時候洗澡、什麼時候穿衣服，這會讓我心情很好。

一開始我在做飯的時候，通常會有一兩名守衛過來檢查我的雙手。也許他們怕我對波布下毒？不過波布對他們說：「你們別來煩我們家阿滿。」

他對我是全然信任。

守衛依舊會注意我的動向，但不再那麼針對我，而是改從遠處悄悄觀察。這並非出自他們對波布性命的擔憂，而是因為當時的我年紀輕、長得又好看，而他們也血氣方剛罷了。

我會在七點送早餐給波兄弟和其他領袖。波兄弟的祕書喬蒂麗姐妹教我怎麼做歐式麵包。那得用上酵母和一種特別的鍋子。我會在前一夜先揉好麵糰，隔天一早放進鍋，擱在火上燒。所有人都說我做出來的麵包非常美味。

我們在營區裡有許多大菜園，裡頭種了生活所需的各式蔬果。波布兄弟老是說：「我們得自給自足。」每個士兵都有權拿著他的飯盒進園子摘他想吃的東西，然後自己生火做飯。

他們已經在叢林裡生活了幾年，所以在我加入時，那些園子的規模已經有幾百公尺寬且種滿蔬果。營區裡的兄弟負責獵野豬，去湖裡抓魚，向農戶買雞。我們也有自己的雞，在營區的屋舍間放養，但數量總是不多，因為牠們會造成許多麻煩，所以我們通常都是向農戶買雞。米也是類似的情況。村民大都很喜歡我們，從不吝於提供幫助。

我們的勢力範圍內有幾座村子，而這些菜園就是由那些村民照顧。所有你能想像得到的他們都有種，所以我每天都能變點新花樣。村子裡的姐妹們教我煮新菜色，告訴我菜園裡的植物該怎麼運用。就拿菜園裡的空心菜來說吧，這是一種莢果植物*，可以單吃，只要加點大蒜跟魚露就好。菜園裡還有南瓜、番茄、茄子和苦瓜（也是一種南瓜，但表面有顆粒狀的突起），也有高麗菜、冬瓜、綠花椰菜及洋蔥。

我們會在湯和沙拉裡加竹筍或香蕉花。香蕉在我們國家到處都有長，我也會拿來做沙拉，波兄弟非常喜歡。我們有羅望子、芋頭、絲瓜及翼豆。翼豆是一種邊緣成撕裂狀、像楊桃般的四角長豆，花、葉、莢，甚至是根都可食用，味道微似馬鈴薯。竹筍及水果則被我們當作零嘴。

我們游擊隊從高地高棉人那裡學會吃烏龜蛋。我學會怎麼用烏龜肉煮湯，不過波布並不是很愛吃。他比較喜歡吃蛇湯。

有時高地高棉人也會殺大象，這對他們來說是件大事，他們還有專門在這種場合唱的歌。我們把一部分的肉做成肉乾，以備不時之需——這種肉乾即使是放在大太陽底下也不會腐敗。不過我們的領導階層都不想吃象肉。

波兄弟是個很有智慧的人，他教游擊隊不管到了哪裡，都要先找菜農，菜農會給他們植株，士兵再種到森林裡。我國土地肥沃，栽種不是問題，所以每當士兵去新地點設營區，設

---

* 參照波文版與英文版，永滿的回憶或許有誤，因為空心菜並非莢果植物。

置陷阱，或者偵查地形時，就會帶上特製的袋子，在裡頭放些空心菜苗、南瓜種子、茄子種子、苦瓜種子，又或者是辣椒。他們很喜歡辣椒。辣椒讓他們的腸胃健康。領導層還教他們有些植物吃完後，可以把籽吐到在地上，可能會再度發芽。波兄弟說我們應該盡可能確保叢林裡到處有食物，這樣敵人就沒有辦法摧毀我們。

事實上也的確如此。每次轉移陣地，我們通常都能找到可食用的植物。即使是在我們僅短暫停留過的地方，也能找到野生的辣椒或南瓜——顯然有人確實遵守波兄弟的指令，在那裡吐了種子並確保種子發芽。

每次在叢林裡看見這樣的地方，波布總是很開心。他知道柬埔寨不只受到越南人威脅，還有泰國人、美國人跟法國人，所以我們必須學會自給自足。如果我們想以高地高棉人——古吳哥神廟修築人後裔的身分存活，就必須能完全獨立生活，從飲食，到穿著，到醫療，都不能依靠外力。

我們沒有的東西就只有兩樣——鹽及瘧疾藥。

高地高棉人沒接觸過鹽，所以鹽在臘塔納基里省裡根本買不到。沒有鹽，日子還可以照過，但沒有瘧疾藥就比較麻煩了。許多人因此喪命。要是我們有藥，即便是最普通的藥，都能讓大部分人保住性命，但我們只能眼睜睜看著致力革命事業的優秀戰士喪命。在那段時間裡，就連波布兄弟也患上瘧疾，不過他剛好有藥可用。

兄弟，你說，既然我們人人平等，所以碰上瘧疾的時候，所有人的待遇也都該一樣？兄弟，我們當時正在跟龍諾*的軍隊作戰，頭上還有美國砲彈不斷炸下來。波布是我們的行動首領。他的存活比我們任何人的性命都還要重要。

---

* 高棉共和國總理。後來敗給紅色高棉，流亡海外。

WITOLD SZABŁOWSKI

JAK NAKARMIĆ DYKTATORA

晚餐

甜餅

阿爾巴尼亞軍事元首霍查
&
廚師K先生

1.

在離廚房不遠的房間裡，每日早晨都會有自我批評的活動進行。即便我自認什麼都做對了，我也得找個理由怪罪自己。你不能對自己滿意，這會啟人疑竇。所以我說自己多加了一小撮調味料。再不然就是害霍查得多等半分鐘才能吃到午餐。霍查的時間非常寶貴，所以這樣的半分鐘是非常重大的過失。

不管是醫生、服務生，還是負責照顧花朵的那個女孩，所有人都得在自己身上找出點什麼。我們的過失會被人記錄在特別的冊子裡，再依據上頭所記載的事，一年算一次總帳。

就這樣工作一年後，我得絞盡腦汁才能想出新的事由。畢竟，我總不能每天都講調味料或延誤的事。自我批評的重點就是要我們自我改變，不能維持同一個樣子。

他們信任我嗎？不。他們誰也不信。不管是我還是其他廚師，又或者是服務生、司機、侍衛等，每個人都受到侍衛長蘇洛．格拉德奇二十四小時全面監控。有司機僅僅因為用公務車載了別的僕人便遭到開除。做這種事是不被允許的。單獨兩人開車去某個地方？這就表示這兩人可能在密謀什麼事。

每次我回鄉探望母親，總是會有兩名阿爾巴尼亞國家保安局，也就是祕勤組織的特務跟我同行，明目張膽地監視我。我每天都對他們說「你們好」，而他們也會回應我。這兩名特務則又受到另外兩名特務監視，這一點我也知道。這兩名監視特務的特務後頭又有多少名特務？這我不知道，不過他們後頭一定也有人跟。

霍查在波格拉德茨有棟別墅，當地的漁夫每次出海為他捕魚，都會有兩名特務隨同上船，而這兩名特務另外再有兩艘只載特務的船跟著，透過望遠鏡時時刻刻監視那些漁夫和自家特務。為我們工作的農戶就連想為乳牛擠奶，也得至少有兩個保安局的人跟著才行，免得有人在牛奶或起司裡動手腳，畢竟那可是要端上桌給霍查吃的。

在家鄉跟舊識打招呼時，我都會避免聊太久，免得害他們成為可疑對象。有一回我跟以前學校的一個朋友聊了一刻鐘，隔天他便被警察叫了過去，確認他是不是間諜。幸好朋友是對國家有貢獻的好人家出身，很快就被放了出來。

我不過是個廚師就有這種待遇，他們對其他人又該是怎樣的監控法呢？

到現在，只要有人盯著我看，我就會開始冒汗，心裡想著對方一定知道點什麼我的事。

＊（前頁圖說）阿爾巴尼亞獨裁者霍查在一九六七年「選舉」時投下神聖的一票，並毫無懸念當選。©Getty Images

2.

他的手指又小，又短，又胖，使起來卻十分靈活。考慮到他已年過六十，行動力異常之好。我很難給他拍一張好照片，因為他片刻不得閒，到處跑來跑去，一下嚐味道，一下又跳腳，這邊摘點東西，那邊切點蔬菜，又是調味，又是試味，這會兒加點東西進鍋，等會兒又從鍋裡撈些東西出來。

話說回來，這反正不重要，因為後來他要我把所有照片都刪除，要我隱藏他的姓名，而我們見面的場合則要加以修改，不能讓任何人認出他。我們之間的約定是這樣的：我可以寫他的事，但不能讓任何人藉此得知他住在哪裡，也不能讓人知道他的真實姓名。別人可以在網路電話簿上找到他，而他不想每天都要跟人解釋阿爾巴尼亞人民快餓死的時候，自己是在哪裡工作。

因此我們就叫他做K先生吧。現在的K先生與妻子在濱海城市凌亂的一區裡，共同經營一間小飯館和旅宿。他們別無他求，只希望這輩子能平靜過活。會去他那裡用餐的主要是附近建築工地的工人。

當年的他，用十根肥短的手指替不准人們信主、掌管阿爾巴尼亞長達半世紀的恩維爾・

霍查，將豬排裹上麵粉。如今的他，用著同樣肥短的十根手指，替工人將同樣的豬排裹上同樣的麵粉，接著擺進平底鍋，再加點油，便大功告成。

琳蒂塔・查拉是以調查巴爾幹半島聞名的女記者，K先生便是我跟她一起找到的。我們的到來讓他很開心，因為他非常喜歡有人作伴，也喜歡認識新朋友。不過這也引起他的擔憂，因為他害怕談起霍查時期的事。然而，他還是請我們進餐廳，找了張桌子給我們坐，並為我們做了魚、烏賊和薯條，然後加入我們的行列，開始談論他的烹飪哲學。

烹飪這件事呢，以自然的方式最好。

舉凡人生給我們的課題、挑戰與疾病，都可以在自然中找到解答。過敏？我們得知道哪些產品不能混在一起。消化問題？茴香能把血液和器官中所有的堆積物全部清除乾淨。糖尿病？對！這是個有趣的題目，K先生可以談上一整天，我們姑且先把它擱一邊吧。

做菜要有心。羊肉得骨肉分離。小牛肉得像這樣拿陶槌在尤加利樹樁上用心敲打（因為他說「天然砧板絕對好過塑膠製的」）。蘋果被他俐落切成四瓣再去皮，三兩下做成一隻栩栩如生的母雞，有羽毛，有眼睛，有翅膀，有尾巴，就好像這隻禽鳥只是暫時靜止，下一刻便會回神逃出窗外。這一切如果沒用心，沒透過手掌將這份心意傳達，讓這份心意滲進肉、蔬菜、高湯或是他所做的每一樣東西裡，那就是行不通的。一個人沒有心，最好別碰烹飪，改找跟烹飪完全不相干的事去。

如果要K先生老實說，這份心意他也是尋覓了很久。向來對汽車著迷的他原是想成為一名技師，不過當時的環境就是這樣，一切由黨決定。也正是黨決定K先生會成為一名優秀的廚師，不過是基於何種原因就不得而知。

K先生久久無法接受這個決定，不過跟黨是沒得商量的。如果他想離鄉，如果他想受教育，就只能成為一名廚師。

直到許多年過後，他才領悟到自己因為這份工作而學到了多少。從他的窗口望出去，可以看見一座山坡，他每天都上那裡採新鮮的野菜。從他的另一扇窗口望出去，則是一片工地，他在那邊闢了一座菜園種植番茄與小黃瓜，甚至還有羅勒、鼠尾草和另外幾種我們所不知的香草植物。

當他在腦中稍稍習慣與我交談的這件事後，便對我說：「你跟我開車過去那邊吧。廚房就像一間藥局，所有的病痛都能在實務中找到解答。」他還保證：「你從我這邊離開後，絕對會多長智慧。」

不過在動身前，我們又聊了一段時間。K先生已經準備好了。

讓我把筆記拿出來，我們開始吧。

3.

我怎麼會成為霍查同志身邊的人？我不知道。我本來在工地當義大利工程師的廚師。有一天，兩名士兵來找我，叫我打包，要帶我去別的地方工作，去夫羅勒，去上整整一個月。那次的出門時機不大好。我的妻子當時大著肚子，我不想留她一人。不過黨一旦做了決定，要你走，你就得走，沒得商量。

到了夫羅勒，他們把我帶去懸崖邊的一幢別墅。那裡緊臨海岸，長著橄欖樹與棕櫚樹，水灣山色美不勝收。我當下便明白自己一定是為某個十分重要的人士服務，但頭幾天我誰也沒見到。那裡有一位女性廚師，她必須去醫院，需要有人頂替。她帶我看鍋具跟各種物品擺放的位置，但沒說要為誰工作。這不是她能說的事，而我也沒問。

直到過了幾天，才有個高大的男人來找我：

「K同志，有項責任非常重大的任務在等著您。我叫蘇洛・格拉德奇，是恩維爾・霍查同志的侍衛長，這棟別墅是他休息的地方。接下來的幾個禮拜，您會在這裡替他備餐。」

我聽了當下腿軟。恩維爾・霍查。此人掌管阿爾巴尼亞足足二十五年，比我活在世上的時間還要久。

當時的我只擠得出「這是我的榮幸」這樣的話。

為什麼他們會挑上我？我一點頭緒也沒有。我當時年紀輕，個性開朗，所有人都喜歡我。霍查喜歡身邊的人都開開心心，也許是因為這樣我才會被選上？

夫羅勒的事我記得不多。我太忙了。我一定煮過阿爾巴尼亞菜，因為霍查不喜歡吃外國菜。不過我確切做了什麼？他喜歡南部吉羅卡斯特那邊的菜，那是他出生的城市，所以我肯定有試過做那邊的料理。我記得我每天早餐都為他烤一小塊起司，不是配蜂蜜，就是配果醬；果醬的話，最好是柳橙醬。

那段期間我都只是從遠處見到霍查，不過我的手藝應該是挺不錯的，因為兩三個禮拜過後，蘇洛．格拉德奇又來找我，說有人想認識我。他帶我去花園，那裡有張桌子，桌邊坐著霍查的妻子涅琪米葉。我在學校課本中讀過她的事。她從游擊隊時期便跟著霍查，戰後成為馬克思列寧主義研究所的所長。

「K！我們很滿意你做的菜。」她說。

我客氣地行了禮。

「我們要帶你去地拉那。」*她又說。

我的這場晉見就這麼結束了。

這次還是沒人徵詢我的意見。那個時代就是如此。

黨知道該對你有怎樣的期望，別跟黨爭論。所以我還是同一句「我很榮幸」，行完禮便退去。

有那麼一刻，我想過是不是該向他們坦言我妻子有孕在身，說我想與她聯絡。在夫羅勒的那個月，我連一次都沒能打電話給她。不過最後我決定還是先跟格拉德奇探探口風比較好。

我的決定是對的。當我提起妻子，蘇洛同志的回應是：

「一切都安排好了。侍衛隊的弟兄會開車載你去非夏爾。但給我記清楚了，絕對不能跟任何人透露你為誰工作。就連她也不行。」

因此我對妻子說，他們要把我從夫羅勒調去地拉那，但我不知道是要為誰工作，然後抱了抱她，便坐車離開。

* 阿爾巴尼亞首都。

4.

穿著破舊灰西裝外套的男人，是當年從後腦射殺約凡父親的槍手。他不想喝酒，所以約凡為他買了杯咖啡。約凡還提議點些食物，但被對方拒絕了。男人不想在這裡坐太久。

因此，他們啜了口咖啡，便開始交談，談了點政治，談了點運動，談了點工作。男人批評當時政府的決定，抱怨自己的健康狀況，不過男人提到了政府的哪些決定，又或者到底有什麼病痛，約凡都記不得了。

不過他記得這個朝他父親後腦開槍的男人喝的是黑咖啡，沒加牛奶。他記得他加了一匙半的糖。

約凡告訴我，這一切都發生在社區的酒館裡，地點幾乎就在地拉那的市中心。他在說這話的同時，也翻動菜單，為我選了條海魚，說這是我在阿爾巴尼亞一定要嚐嚐看的菜，這樣才算是見識過亞得里亞海的滋味。畢竟就算沒嚐過豬肉，至少也得看看豬是怎麼走路。

「既然你知道金頭鯛，那也許你試試魴魚？」他提議道。

他一邊跟我訴說悲慘的故事，一邊又跟我提魚的事，讓我無所適從。

「我父親很喜歡魚。」約凡聳聳肩。「自從知道這件事，我每個禮拜都會吃上好幾次魚。」

「你在做你父親做過的所有事？」

「我盡量。」

最後我們點了「漁人拼盤」，也就是每樣東西都來一點。半個鐘頭後，我們面前放了一大盤產自阿爾巴尼亞海域的魚，而約凡繼續用各種字眼來替代「父親」這個詞。他父親叫科索．普拉庫。他們找上他父親的那年是一九七五年的秋天，當時約凡只有六個月大，後來再也沒見過父親，因此記不得他的樣子。不管是父親的聲音、相貌或眼睛的顏色，他都不記得。

雖然他現在還是跟母親同住，但母親不願意提起父親的事。

約凡搖搖頭：「她這輩子老是怕東怕西。我寧可死，也不要這樣活在恐懼中。」

科索．普拉庫是地質學家，阿爾巴尼亞有幾個主要的石油蘊藏區，非夏爾市附近的那片油田，就是由他所發現。

「他的發現讓國家賺了很多錢。」約凡說：「即便如此，他還是在法庭上被指控為間諜。他是霍查定期肅清下的犧牲者。」

判決結果：槍決。

「我和母親得回到村子裡。」約凡繼續道：「我們沒有任何東西吃。我家是人民公敵，要是有人試圖幫忙，就會遭到逮捕。所以我只能吃樹皮湯，把青蛙插在樹枝上當作串燒，生火烤來吃。學校的女老師逮到機會就打我，對我吼：『你以後長大就會跟你父親一樣！』」

「那你當時怎麼辦？」

「我天生反骨。大家越是叫我要憎恨父親，我就越在心裡對自己承諾，長大後要找到他。得知他的死訊後，我便決心要找到他的墳。」

5.

迪歐尼·胡賽是地拉那有名的歷史學者，我跟他約好要談恩維爾·霍查的事。我們坐在布洛庫區，這裡曾經是專屬當權者的封閉區，今天則是地拉那最年輕但也最昂貴的一區。我們點了酥餅，那是種酥皮麵包，裡頭包了肉餡和起司。迪歐尼打開了話匣子：

「阿爾巴尼亞南部有座城市叫吉羅卡斯特，霍查就是那座城市的伊瑪目之子。二次世界大戰爆發後，他加入共產游擊隊，並快速爬升至權力頂端。為什麼呢？因為他是個無情的人。他殺掉所有可能擋路的人——部隊裡的同伴及所有幫助他們的人。即使是多次保護他，收留他在家裡過夜的妹婿，也在他的一聲令下遭到殺害。」

「為什麼？」

「對他來說，權力才是一切。只要有人可能奪走他的權力，不管對方是勢力強大，還是深得人心，都是他殺害的目標。」

戰後霍查成了國內的當然領袖。他將農村集體化，排乾沼澤，掃除文盲，興建工廠。而所有費用都是出自他的盟友：起先是南斯拉夫，後來他與南斯拉夫鬧翻，改由蘇聯資助。再後來他也跟蘇聯鬧翻，金錢來源改為中國。他想將阿爾巴尼亞從停滯在中世紀的社會，蛻變為現代化社會（在他接掌政權的當下，國內有百分之八十的居民都以務農為生，文盲比例也與此相當）。

不管是對抗梅毒或瘧疾，或是提升教育，他的成效都很顯著。他接掌政權時的國民平均壽命是四十二年，三十年過後延長為六十七年。二十年下來，幾乎所有的孩子都進學校受教育，而百分之九十的阿爾巴尼亞人都能書寫識字。

不過，霍查依舊像戰時那樣屠殺人命。

「大戰剛過，他便要人殺掉以前的學校同學——男的是因為記得他以前多麼糟糕，女的則是因為曾拒絕他求愛。」迪歐尼接著往下說：「還有幾千名不認同他政治鐵腕的人也同樣遭到殺害。他建立了一個勞改營與政治獄的體制。大約有兩萬人被送去這些勞改營與政治獄，在營區裡的礦坑與工地做超出常人能負荷的苦工。許多人一去不回。」

霍查執政期間，約有六萬人遭到射殺。

人們越來越常沒有東西吃，要是有人當眾說了「沒有肉」這種話，下場就是進勞改營。極端狀況下，怕是直接回歸塵土。

6.

我住在布洛庫，這區外人進不來。我的食物會直接上霍查的餐桌，這點讓我很在意。我當時年紀才二十來歲，卻已進了首都，為領袖做飯！不僅如此，幾個月後蘇洛．格拉德奇對我的信任已經足以讓我和妻子，還有我們這段時間所生下的女兒同住。

一天，我離開廚房去一下花園，沒想到霍查的兒子索科爾來找我：

「K，我父親今天想見你，看看你是個怎樣的人。」

我趕緊答道：「這對我來說是天大的榮幸。我去換件衣服。我褲子上都是麵粉，兩隻手也黏答答的。」

索科爾聽了卻哈哈大笑。

「來不及啦，他已經在這裡了！」

果然，霍查就像突然從地底冒出來一樣，站到我們的面前。我嚇死了。我聽過他很高，但他不是高，根本就是個巨人；而我，你也看到了，是屬於比較矮的那一群。

「迷合地塔。」他向我打招呼，這是阿爾巴尼亞語「日安」的意思。「請讓我為你提幾項建議。光是當好廚師是不夠的，因為好廚師到處都是。一名真正的好廚師必須具有巧思，能夠天馬行空。你明白我的意思嗎？那麼，祝你有愉快的一天。」

我朝他行禮，承諾自己會盡力實踐他的建議。霍查繼續忙他的事，而我則回到廚房。

不過有一件事你必須記住：那可是恩維爾．霍查，國家領導人。他對我說出口的每一個字都是命令，所以「你必須具有巧思」可不只是建議。我得成為這樣的人。如果我想活命，就得把他的每一句話都牢牢記在心上。

7.

霍查同志有一群醫師專門照顧他的健康，蘇洛．格拉德奇把他們介紹給我認識。那些醫師分別是費吉．霍查、伊蘇夫．卡洛、伊利．波帕，每個都是當時阿爾巴尼亞的頂尖醫師。我開始為霍查工作的頭幾年，他曾得過一次很嚴重的心肌梗塞，從那時起他們便常常替他檢查，甚至連半夜睡覺的時候，他們也會為他接上儀器，觀察他的心臟運作是否正常。而我要負責的，就是在那樣的夜晚備妥咖啡與三明治，隨時供他們食用。

不過霍查最大的問題是糖尿病。這個痼疾跟著他許多年。他每天只能攝取一千五百卡路里，半點都不能多。所有的一切都必須像在藥局一樣，先經過測量。

霍查每個禮拜會與醫師進行一次會診。醫師總是強調適當飲食的重要性。他們說，霍查的健康取決於我的工作。

我也知道我的性命取決於霍查的健康。要是他死了，他們就會說：「是某個廚師沒有照顧好他的飲食。」而我就得面臨審訊、判決，甚至是死亡；我還年輕，家裡還有人等著我餬口。

會診時，醫師仔細交代霍查需要多少鈣、多少鉀、多少維生素。我們共同商討我能為他煮怎樣的食物，讓他能得到所有的養分，同時又不會攝取過量的卡路里。我得把他們計算出來的結果，轉換成對廚房來說有意義的語言。

要讓一名壯年男子所需的一切，都能在一千五百卡路里的熱量範圍內攝取得到，這真是特別困難的差事。霍查人高馬大，有一百九十六公分高，而且每天工作量都很大。

我認為這樣的飲食控制，讓霍查大半輩子都處於飢餓狀態，所以他的情緒通常很緊繃。而這對他所做的決定又會有怎樣的影響呢？試想一個人長期處在飢餓與憤怒的狀態，那麼他做出的又會是怎樣的決定？

我很快便學會辨認他的心情並盡量按此應對。如果我注意到他的心情不好，在規劃正餐時就會將這點納入考量。在這樣的日子裡，我都會盡量做他家鄉吉羅卡斯特的菜。吃到兒時記憶中的菜，總會讓人有好心情，對吧？

所以呢，他的早餐就像古早時代那樣，都是吃一小塊起司配果醬。

午餐他會吃蔬菜湯，但不加葷高湯（他不能這樣吃），然後是一小塊小牛肉、羔羊肉或魚肉。

甜點是水果，但得是比較不甜的，像酸蘋果或梨子。

晚餐則是一份優格。

他幾乎不吃麵包。自從醫師說麵包只是空有卡路里後，他便不再吃了。

每當見他心情惡劣，在走廊上一路漠視旁人、不回應他人問安時，我就明白自己得為他多做點什麼。在這種時候，我會準備甜點。當然，我用的是糖尿病患者專用的糖，很少量，而且事先都跟護士諮商過。我知道在這種日子裡，霍查需要點甜的東西。如果他能得到甜點，不僅是對他好，也是對我們所有人好，對整個國家都好。

這個方法很有效。我懂得替他調整心情。有時他用餐前情緒有些緊繃，用完餐後便有好心情，甚至會開玩笑。天曉得我靠這個方法救了多少條人命？

霍查的護士叫柯絲坦蒂納．那烏米，是個對自己的工作極度付出的人。我們一起編菜單，盡量讓霍查覺得每樣東西都很美味，面面俱到，同時又不會攝取過量的卡路里。

柯絲坦蒂納為霍查工作已經很多年了。她告訴我，霍查在六〇年代從蘇聯回來並與赫魯雪夫斷絕關係的過程。她還告訴我霍查害怕蘇聯的同志會想取他性命，因此不想搭飛機，跟她和另外幾人一起搭火車，花了一個多禮拜的時間才從莫斯科抵達地拉那。在那段旅程中，她成了廚娘，每天為他煎歐姆蛋或炒蛋，因為她用的是火爐，所以食物總是會沾上炭灰。

食物上桌前，柯絲坦蒂納也會先為霍查試毒。他們沒有雇用其他試毒者。她會把做好的菜餚每樣都盛一點試吃，我們則在一旁靜待結果。如果沒事發生，就可以把食物盛給霍查和他的家人。

她是個非常嚴謹的人，我從沒見過她開玩笑，也沒見過她笑。

8.

霍查家的人非常喜歡我，尤其是他的妻子涅琪米葉。為他們工作幾年後，他們開始會帶我去她父母那裡過新年。我會為他們準備阿爾巴尼亞東北部佩什科比城的傳統甜點雪切啪赫。那是一種甜餅。我把一部分用普通的糖做，給涅琪米葉和她的父母吃，另一部分則是用糖尿病患者專用的糖做，給霍查。

為霍查做甜點是件風險很高的事。我曾替他做過另一種叫哈蘇得的點心，那是用玉米粉、肉桂及核桃做的甜糕，當然我用的也是糖尿病患者吃的糖。霍查試過味道後便把甜糕送了回來。服務生把他的話轉述給我聽：「這吃起來根本就不像哈蘇得。如果你做出來是這種樣子，最好連做都不要做。」

這話可嚇死我了。畢竟我做的菜是什麼味道，可是攸關我的性命啊！我開始花上大把時間待在廚房裡，研究糖尿病患者專用的糖，想方設法要讓用這種糖做出來的甜點，嚐起來跟用一般的糖做的一樣。

幸好新年那次的甜餅做得很成功，我甚至得到霍查的稱讚，這可是很罕見的事。涅琪米葉跟我說：

「K，謝謝你。跟我們一起坐一會兒吧。」

我不想坐。我算哪根蔥，敢跟霍查同志同坐？

不過涅琪米葉堅持要我坐，所以我也就坐下了。多虧了我的甜餅，我在新年這一天與霍查及他的家人同桌而坐。霍查的僕人裡，可沒幾個人有這樣的榮幸。

你想要食譜？先取三杯麵粉、半塊奶油、三顆蛋、一杯糖、烘焙粉，還有香草，用這些來做麵糊。

糖漿的話則需要另外兩杯糖、半杯水和香草。

要做給霍查吃的那種甜餅，當然要用木糖醇來代替糖。把代糖倒進碗裡，然後把奶油放在平底鍋上融化，慢慢加進代糖。然後再加入蛋、香草糖粉及麵粉攪拌，直到出現濃稠的黃色麵糊為止。接著把麵糊揉成一小顆、一小顆的圓球，擺進烤盤，用一百八十度烤二十分鐘。待表面變黃，再移出烤箱。

接下來要做糖漿。將半杯水、香草及代糖放進小鍋子裡煮開，淋在甜餅上。

如果再加上鮮奶油與水果，這甜餅嚐起來更是美味無比，不過要給霍查吃的可不能這麼做。

9.

霍查的妻子涅琪米葉已將近百歲，但身體依舊硬朗，在阿爾巴尼亞首都的郊區安享晚年。

我的阿爾巴尼亞同伴兼導遊琳蒂塔．查拉曾拜訪過她兩次，第一次是代表一家報社。那家報社的社長跟以前的黨內人士關係很好。

「她人很客氣，感覺是個非常和藹的老奶奶。」琳蒂塔說。

琳蒂塔第二次去拜訪她的時候，代表的是另一家報社。

「她認得我，她的記憶力就像大象一樣。她請我喝咖啡，態度還是像上次那樣和藹親切。她開頭先問我上一家報社的主編近況可好，我便向她解釋自己已不在那裡工作。她在轉瞬間變成了一個怪物，大吼：『那是誰派妳過來的？出去！』」

儘管如此，我們還是試著接觸她，也許她會想跟國外來的記者說話？我跟琳蒂塔講好自己扮成不是太精明的記者，由她來開口。為了保險起見，我們也寫了信，說我想問她是怎麼看待當今的世界，怎麼看待能合法自由進出這裡的外國人，對商品一應俱全的超市又有怎樣的看法。她會吃超市賣的食品嗎？她有受益於自由市場嗎？會去投票嗎？

我還想問她，對阿爾巴尼亞人未經審判便遭她丈夫射殺的那個年代，有沒有什麼缺憾。「涅琪米葉和她丈夫的手上沾滿幾千人的鮮血。她從來沒有對任何人表示過半點歉意。她總是說：『多少會有些錯誤與偏差的行為是我們所不知的，畢竟底下的人也不是每一件事都會告訴我們。』該死的！我記得小時候的阿爾巴尼亞是什麼樣子。每個小孩都知道這裡發生什麼事，而她不知道？我的母親用蕁麻烤麵包，因為我們只有蕁麻可吃。」琳蒂塔對此可是一肚子火。

獨裁者的遺孀住在舊雞舍改建的屋子裡。鄰居都喊她是「可怕的老太太」，又或者是直接叫她的名字涅琪米葉，不過他們倒也不會與她交談。命運的安排總是怪誕，與涅琪米葉隔牆而住的那戶人家，曾在他們統治期間被送去勞改營。

我們的車子轉進一條沒有名稱、充滿泥濘的小路，經過幾輛硬是擠進這裡的車與葡萄藤垂掛的大門，以及樹籬圍繞的花園；園子裡有人辛勤搬來木板疊成小火堆。最後我們走進一條寬敞挑高的走廊。

走廊上曬著被子，那是涅琪米葉．霍查的被子。

門邊擺著女鞋，那是涅琪米葉．霍查的鞋子。

鞋邊立著曬衣架，那是涅琪米葉．霍查的曬衣架。

架上晾著枕頭套，那是套在涅琪米葉．霍查枕頭上，涅琪米葉．霍查的枕頭套。

從擺放在長廊上的雜物可以看得出來，這名前獨裁者之妻的生活過得很節儉，有蒐集破銅爛鐵的傾向。

我們站在門前。叮咚。

一名年約六十來歲的女人開了門（我們後來才知道那是涅琪米葉的女兒潘薇拉）。琳蒂塔客氣地解釋我們的身分，潘薇拉邊聽邊點頭。我利用這十幾秒鐘的時間打量室內，不過只看見一個巨大的書櫃，其他的部分全被窗紗擋住；有時人們會在家裡裝那種窗紗，用來擋蒼蠅進屋。

突然，我看見窗紗後頭有道年邁女性的身影，灰白的髮絲盤成包頭，裙子有如剛從學校取出，要給好人家姑娘的那種。她身上穿著毛衣。只有她的眼睛我沒看見，倒是看見了一副厚重的眼鏡。

對，那就是她，涅琪米葉．霍查，霍查的妻子，歐洲和世界上最後的史達林主義者，該為殺害數千條人命負責的其中一人。

她站著看了我一會兒。

我也看著她。

這是很短的片刻，卻讓我覺得不自在。

於此同時，她的女兒潘薇拉已斬釘截鐵地謝絕我們的拜訪。

10.

我沒有為霍查煮過什麼花俏的餐點，他沒有要我這麼做。他喜歡美食，自是不在話下。不過他跟涅琪米葉兩人都挺吝嗇，儘管是政府的錢，卻是每列克*都要打上二十四個結。話說回來，涅琪米葉吃的主要是胡蘿蔔——她膽囊有問題，這是醫生建議的飲食。

霍查與他的家人都是吃一般的阿爾巴尼亞菜，跟國內大家知道的沒兩樣。要說有什麼讓他們家跟別人不一樣的，就是他們有辦法雇用懂得為食物添上個人風格的好廚師。那麼我的風格是什麼呢？我喜歡拿調味料來變花樣。調味料之於餐點，就像化妝品之於女人，能帶出食物中你想都沒想過的味道。

我在裝飾上也頗有天份。為他切蘋果解饞的時候，我用的不是一般的切法，而是將果皮的末端切開，用籽充當眼睛，把看起來跟真的一樣的蘋果鳥端給他。他兒子生日時，我做了隻烤乳豬，還在小豬頭上戴了頂帽子，嘴裡擺了根點好的菸。霍查很喜歡這樣的小巧思，那隻烤乳豬更是讓他們一家子津津樂道許多年。

最需要我施展巧手的時候，要數霍查執政的最後幾年，因為與中國鬧翻而導致阿爾巴尼亞完全孤立的那段時間。當時就連我們也會有缺少牛奶或肉品的時候，這對廚師來說可是悲劇一樁。不過我從來沒說過「辦不到」或「做不了」這種話，這對我來說等於是承認自己的失敗。要是有東西短缺，我會試著拿別的來替代。

比如有一次我們去山上，半路發現守衛忘記帶之前準備好的甜點。怎麼辦？回頭嗎？不可能。那就不要上甜點嗎？他們可是會氣瘋的！

所以我拿了蘋果，把一部分加幾匙蜂蜜用調理機打成泥，另一部分則拿去烤。接著把烤好的蘋果去核，再倒進蜂蜜蘋果慕斯。霍查吃得開心極了。「你從哪知道這種做法？」而我回答：「沒有這種做法。這是我隨機應變的。」

＊ 阿爾巴尼亞貨幣。

對於食材短缺這件事，我大概也處理得挺不錯。霍查有次把我叫過去，吩咐道：「我在法國念書的時候，在那裡吃過一種很好吃的烤栗子沙拉。你做給我吃吧。」他的助理從他的圖書館裡拿了一本書給我。那是本很漂亮的書。他一定對烹飪很有興趣，才會買這麼一本書。

因此我們叫了栗子，不過有人沒把事情盯好，所以等栗子送到我們倉庫時，已經是幾個月後的事，栗子也早就發霉了。共產時期就是這樣。我該怎麼辦？告訴霍查栗子會發霉是因為中途有個白痴沒把事情顧好？還是婉轉提醒他，我國氣候雖然合適，卻沒有長栗子，是因為沒人想到要種栗樹？

噢，這可不行。這件事裡頭就只有我跟霍查。對他來說，餐桌上的東西是由我負責，他不會管栗子發生什麼事，只會在乎自己叫我做烤栗子沙拉卻沒能吃到這件事。

我為此把那些發了霉的栗子拿去烤，把殼剝掉，然後……還是只得全部丟掉。如果我把這些栗子端給他，他們絕對會認為我想毒害他。我改拿榛果代替，剝殼剖半，加上橄欖油，放進牛奶煮，然後用玫瑰裝飾。那份食譜我現在記得不是很清楚，但我當時完全是照上頭寫的做。

霍查從沒問過栗子的事。也許那份榛果沙拉對他來說味道還不錯，沒讓他想起栗子的事？又或者他自己心裡明白，很多東西在國內即使是領袖階層也無法取得。我想這對他來說，一定是件很讓人沮喪的事，不過當時的情況就是那樣。

又有一次，他想起在法國吃過的無籽葡萄。也許他是吃過，不過阿爾巴尼亞並沒有這品種，至少我們所信賴的農戶全部都沒種。於是我怎麼辦？我又能怎麼辦？……只好坐下來把葡萄裡的籽一個一個挑出來。

11.

恩維爾．霍查在一九八五年過世，那是民主之風從波蘭及德國吹進阿爾巴尼亞幾年後的事。不過當波蘭人選出頭一個非共產政府，而德國人推倒柏林圍牆時，霍查的後繼者拉米茲．阿利雅卻向阿爾巴尼亞人民辯稱，那些國家的人民生活都變得糟糕許多。阿爾巴尼亞的電視裡開始播放波蘭人、德國人及匈牙利人餓死街頭的假畫面。

「不過實際喪命的是我們。」約凡苦笑。

但到了一九九一年的春天，就連阿爾巴尼亞也舉行了頭一場民主選舉。

約凡從沒忘記自己發誓過要找到父親的墳墓。選舉過後不久，他便去內政部遞交工程師普拉庫審判書的解密申請書，同時請求政府告知普拉庫的埋葬地點。他以為在現今的新時代，這會是件簡單就能辦成的事。

但他遲遲沒收到回應。

「我不斷到內政部詢問，催促案件處理。」他回憶道：「最後我收到一封正式的回應信函，上頭蓋了十幾個章，內容只寫著：『台端父親之檔案已毀損。』」

約凡不打算就此放棄。既然正式管道行不通，他便動用自己最有利的武器：個人魅力——當然還有錢。他之所以有錢，是因為他在九〇年代初期開了家建築公司，在地拉那接了幾件大案子。

幾個月後，奇蹟發生。有人找到四本卷宗和十幾捲審訊過程的錄音帶。已經成年的約凡接好錄音機，生命中頭一回聽見父親的聲音。錄音機傳出工程師科索・普拉庫的自白：

「我是無辜的。」

12.

在霍查底下做事讓我非常有成就感，也學到很多，不過我也一直活在恐懼狀態下。所有員工都怕霍查哪天下床心情不好，就會要人把我們殺掉或送去勞改營。也許護士柯絲坦蒂納跟侍衛長蘇洛不怕——他們對他來說不可或缺。可是其他人呢？像我這樣的廚師有好幾百個。他可以毫不費力就把我們換掉。

我查過霍查的頭一名廚師是個女性，她自殺了。一直以來我都不知道原因。之後廚師裡有一個人消失了。那人比我來這裡工作還要早上許多，我不知道他發生了什麼事，只是有一天他就沒來上班，最好別打探他去了哪裡。

我想活命。

我思考了許久，思考自己該怎麼做才能從恩維爾．霍查的廚房全身而退。最後終於得出結論。

我已經知道，只要替他煮吉羅卡斯特的料理或做甜點，就能讓他恢復心情。只不過我都是靠食譜做菜，而我應該要能重現霍查小時候，母親為他做的口味。她已經過世了，而我知道霍查非常想念她。

我應該要取代她。

這就是我當時想出的辦法。雖然我知道取代他的母親是很無恥的事，不過這樣一來他就不能把我給殺了。說起來很簡單，對吧？不過該怎麼做？畢竟我總不能問霍查：「霍查同志，您可否給我提點一下，怎樣才能做出跟您母親一樣的口味呢？」

好在霍查的妹妹薩娜與他同住。

他們在同一個屋簷下長大。做母親的從小便教女兒怎麼做菜，而且薩娜有一副好心腸，還很愛她的哥哥。我去找她：

「同志，我想盡量做出霍查同志喜歡的口味，我想也許您能幫我。」

然後，我向她解釋自己究竟圖些什麼——當然，我把大部分的重點都擺在霍查的福祉上頭，略而不提我擔憂自己性命的事。

薩娜很樂意地同意了。

13.

約凡在電話簿中找到了在父親卷宗裡看見的姓名，他打電話過去，跟對方約見面。

在我們的魚吃到只剩骨頭的時候，他回憶道：「那感覺真的很糟。我當年在吃青蛙的時候，他們卻是大富大貴、大魚大肉。不過我還是咬緊牙，去找他們交談。如果他們同意，我們就一起碰面喝喝拉基亞。幾杯黃湯下肚，他們便開始說起殺人的經過。他們拿這種事來開玩笑。有好幾次我都想站起來大叫，不過我得克制自己。我想找到父親的墳墓，大叫無濟於事。所以我跟他們一起喝酒，聽他們說話，試著把一切都記在腦中。」
幾年後，約凡總算找到科索．普拉庫的處決書。
「那上頭有四個簽名。第一個是驗屍官的，不過他是在未出席的情況下簽立死亡證明，所以問他沒有意義。另外三個簽名的都是特務，其中兩人已經不在，但最後一人還在世，而且就是朝我父親後腦開槍的那位。」
約凡花了幾個禮拜的時間做心理準備，才打出那通電話。
他先是開車到那名前特務的公寓樓下，透過車窗看著那名枯朽的老者，每天穿著灰色西裝去社區內的咖啡店。最後他終於拿起電話。他已經有心理準備，對方會叫他下地獄，但奇怪的是，這人竟同意與他見面。
約凡提早抵達約定的地點。由於緊張，他抽掉了半包菸。而穿灰西裝的老人卻是頗為冷靜。
「所有不相干的話題，像政治或運動等，能聊的我們都聊了，最後才進入正題。我問他：『您在哪裡殺了我父親？我想找到他的遺骸，將他安葬。』」
老人很客氣，說自己當然記得工程師普拉庫這個人，卻不記得是在哪裡槍決他。「我們做事的地方有好幾處。」約凡試著追問細節，但老人只能兩手一攤。談話到了尾聲，老人似乎想讓約凡高興點，於是補上一句：「約凡先生，我們所有人都是這可怕體系的受害者。」

「在那一瞬間，那是唯一的一次，我動了想賞他耳光的念頭。」約凡說：「他？受害者？他媽的他算哪門子的受害者？我覺得自己好像被打了一巴掌。」

「接著呢？」我追問。

「沒什麼，那股情緒只持續了一會兒。我不想對任何人報復，我只想找到父親的墳墓。」

因此，約凡握了那個男人的手，那個從後腦射殺他父親的男人，然後繼續他的追尋。時至今日，他依舊沒找到父親遇害的地方。

14.

薩娜教我怎麼做吉羅卡斯特那邊的玉米派、烤肉條跟嘎西，告訴我他們的母親確切放了多少麵粉、鹽和調味料。她還教我做一道叫塔哈那的土耳其湯，霍查很喜歡在早餐喝這種湯配番茄和洋蔥，特別是冬季下雨的早晨。

她順口跟我提了他們的生活，說他們的父親帶著大哥去了國外，而她及其他手足則和母親搬去叔父家。她說霍查去法國讀書，說他回來後加入游擊隊，說他有時會祕密回家，還說到他成為全國領袖的時候，母親有多麼驕傲。薩娜給我上了一堂真真正正的阿爾巴尼亞歷史課，只不過這課是在廚房的流理臺前上的。

有時薩娜會跟我一起做一兩個小時的菜，然後回房間換衣服，像沒事一樣下樓跟霍查吃晚餐。霍查在吃我們一起準備的食物時，她連眼皮都沒眨一下。他好像說過幾次這樣的話：「薩娜，他是怎麼做出這個玉米派的？這吃起來分明就跟我們家的味道一模一樣！」

薩娜總是沒有回話，完全沒有透露是她教我做的。

不過涅琪米葉知道這件事，她對我很滿意。她很關心霍查，多次向我表達自己有多重視我為她丈夫所做的事。多虧有她們，我成了霍查最愛的廚師。我達成了自己的目的，成為無可取代的廚師。

霍查政府裡沒有多少人保住性命，就連他的總理兼摯友穆罕默德・謝胡都沒能活命。

我熬了過來。

這都是多虧了我的天賦，也多虧了知道我有想像力、懂得天馬行空的霍查。

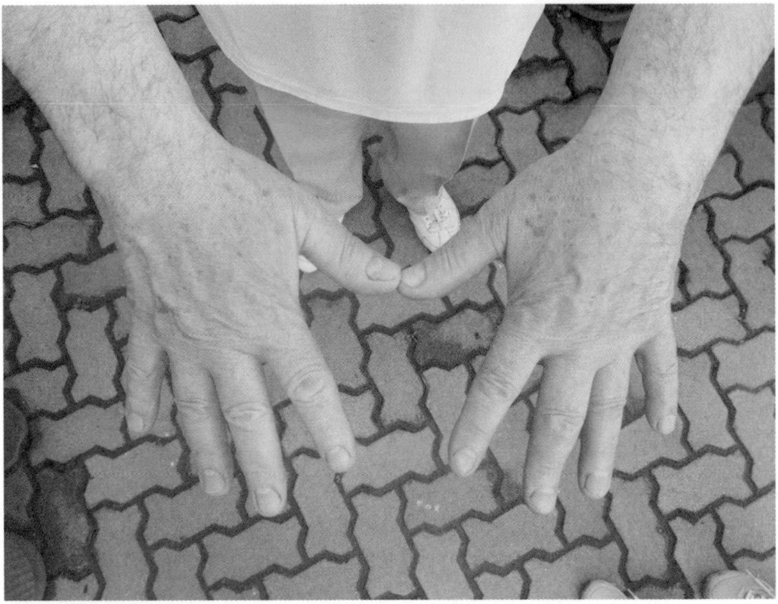

霍查的廚師K先生的雙手，他希望匿名受訪。© Witold Szabłowski

點心

我們的組織？我一樣一樣說給你聽。

我的父母親是磅湛省的一個小村落出身。我有兩個姐妹跟六個兄弟，年紀最大的叫永善，是這素昆鎮裡的中學老師。當年父母花掉所有的積蓄，為的就是讓他能讀書。我們都為他感到非常驕傲。

母親會編地墊、吊床和蚊帳，父親則是把她做出來的東西，全都裝進一個巨大的袋子裡，載去城裡的市集販售。在父親出發後，母親還會捲菸草，然後自己拿去村子裡賣，另外也在喜宴上當廚娘。她工作得非常辛苦。

父親在我十二歲時過世，母親把我送去素昆鎮找兄長，我也因此有了就學的機會。爸爸原是希望我待在家裡幫忙編吊床。我在素昆鎮發現大哥下班後都會去參加一個神祕的集會，這引起了我的好奇。我不斷纏著他告訴我是什麼事，但他堅持小女孩不能知道。然而在我稍微大一點後，他開始測試我。例如他會說柬埔寨的農民工作太過辛苦，工廠裡的工人都快要累死，然後看我怎麼反應。他說的那些話對我造成衝擊，有幾次我甚至聽到哭出來。他所說的那些事我全都認同。

所以在我畢業後，大哥便帶著我去見一名叫貴敦的親戚，那是我這輩子見過最沉默寡言的人了。他說他已經知道我的想法，還說有一個組織想要改變柬埔寨，讓人們過上更好的生活。原來貴敦和大哥都屬於那個組織，而大哥神祕兮兮去參加的，就是組織的集會。

貴敦說了許多事我都很喜歡，比如其中一樣是「等我們的組織解放國家，就會有很多食物分給所有的人吃」。

那是一個美麗的願景。試想一個政權裡的士兵會偷竊人民的東西，試想孩子們因為飢餓一個個都鼓著肚子，試想有人說「食物會多到夠所有人吃」。

食物會多到夠所有人吃。

只要是有心肝的人，都會想要幫助這樣的組織！

因此當貴敦說我也能出一份力，偶爾在城鎮間送東西（信或包裹）時，我毫不考慮便說：「我想幫忙。」

就這樣，我加入了「安卡」。

從那時起，「安卡」就是我。

我就是「安卡」。

在那之後不久，我們便移至游擊隊在臘塔納基里省的基地。我跟我的大哥永善、親戚貴敦，以及另一名同志一起步行出發。我們在叢林裡幾乎走了一個月，沒有進任何一個村子，因為在那裡可能遇見士兵。我們吃的都是森林裡的果子，同伴有時也會抓鳥來吃。

臘塔納基里是國內很原始的地區，那裡住了很多部落，生活方式像幾世紀前一樣——他們騎大象，沒見過汽車，穿傳統的服飾。我們稱他們是高地高棉人，也就是高棉的山地人家。波布在一九六三年住進叢林，而他們打從一開始就大力支持他，甚至有十幾個人成了他的保鑣。我記得幾個那些部落的名字：普農族、坦普安族、桂族和嘉萊族。我也記得他們的大象讓我印象深刻。這些動物的聚集地被安排在離我們基地有段距離的地方，免得我們被牠們的叫聲吵醒，也避免我們在這些動物受驚時，遭牠們踐踏。

高地高棉人騎乘大象，可是高手中的高手。在有需要搬重物，或將整座基地移至別處時（有時會發生），他們就會利用大象。

這是我第一回離家這麼遠。當時的我很年輕，在做一件好事，生活很美好。

WITOLD SZABŁOWSKI

JAK NAKARMIĆ DYKTATORA

宵夜

鮮魚佐芒果醬

古巴革命強人卡斯楚
&
廚師弗羅雷斯與伊拉斯莫

1.

伊拉斯莫：

男孩們，你們坐下來等一下。現在這情況你們也看見了。剛剛有人載旗魚來給我，我得先把這魚分塊，因為廚房裡的那些人總是分不好。你們自己去拿點咖啡，拿點餅乾，稍微等我一下。不然我也來喝點咖啡好了，讓旗魚等一下也不會怎麼樣。來，說吧，維特多，你說。第一個問題。

革命？

我十六歲那年，謠言開始風行，說馬埃斯特臘山脈那裡爆發革命，說那是件很棒的事，說領導革命的人叫斐代爾·卡斯楚。

那些消息聽起來就像童話故事。卡斯楚和幾名好友挺身反抗巴蒂斯塔政權。古巴人厭惡他們的總統巴蒂斯塔，因為他一心只想讓美國的黑幫從古巴人身上揩油，完全不替古巴人著想。而卡斯楚與巴蒂斯塔正面對抗，在馬埃斯特臘山脈裡設了許多陷阱給巴蒂斯塔的士兵。人們吟唱各種關於卡斯楚的歌曲，欽佩他。那是一段不凡的歷史。

我當時在家鄉聖克拉拉的一家餐廳工作，做點外場，不過我向來對烹飪感興趣，所以也會去內場給廚師幫點忙。所有的人，從老闆到洗碗工，每天都在講卡斯楚的事。有一次，他們說他死了，因為收音機裡是這麼說的。接著他們又說，原來他還活著，而且繼續在對抗巴蒂斯塔。再後來，他們說他在號召全古巴的人罷工。這個消息讓我們很興奮，不過沒有多少人認真考慮拋下家庭，進叢林當游擊隊。

要不是因為我最好的朋友，我當時也不會去。我的摯友知道有對兄弟叫羅傑利奧・阿塞維多與安立奎・阿塞維多，很早便投身革命活動。要是我們能找到他們，他們會張開雙手歡迎我們。

我當時還在猶豫是否要加入，不過我的摯友不斷纏著我，拚命說服我。直到有一天，他得知游擊隊逐漸接近聖克拉拉，而游擊隊當中的一部分人，包括阿塞維多兩兄弟，會從馬埃斯特臘山脈轉移陣地去埃斯坎布雷山脈。那條山脈離我們的城市不遠。

要去馬埃斯特臘山脈，我們幾乎得徒步穿越整個古巴，會很危險，而埃斯坎布雷山脈我們只要花兩天的時間就能抵達。

如果你只有十六歲，還是個年輕男孩，想必會覺得這一切聽起來像是場很棒的冒險！

＊（前頁圖說）古巴獨裁者卡斯楚正用筷子享用中餐與可口可樂。©Getty Images

只不過，媽媽非常擔心我，不准我加入革命活動。

我答應她，說我同意她的看法，說我哪裡都不會去，然後某天夜裡，我就跟我的摯友偷偷逃家了。對於自己得對她說謊這件事，我覺得很抱歉，不過那是當時唯一的辦法。

一路上，我們得非常小心，因為城市周圍有軍隊駐守，等著抓像我們這種打算去埃斯坎布雷山脈投敵的人。他們已經感覺到自己會輸，舉止變得格外殘暴。他們殺害每個疑似與卡斯楚交好的人。人們會在半夜失蹤，再被人發現時已是肢體缺殘的屍首。我記得我們渡過一條氾濫的河水，記得夜裡被蚊子咬得根本沒法闔眼。為了找到游擊隊，我們不得不到處詢問當地的農夫。但得很小心，因為他們可能會向軍隊舉報。最後，我們終於找到游擊隊的基地。

朋友問起阿塞維多兄弟的事。他們來了，而且果真像家人一樣接納我們。他們的年紀沒有大上我們多少，兩人身材都瘦瘦的，個性開朗，身上斜揹著一把槍。這讓我覺得很興奮。他們抱了抱我的朋友，也順便抱了抱我。下一刻，他們便為我們找來便當盒，給我們在裡頭盛湯，我們都餓壞了。吃完東西後，他們帶我們去見切．格瓦拉。他是他們的領袖，正在山裡準備攻打我們的聖克拉拉市，而那也是革命軍最重要的一戰。因為只要攻下聖克拉拉，就等於打通前往哈瓦那的路。

切*先是看著我們，伸手拍了拍我朋友的肩膀，接著便消失了。他一天到晚忙東忙西，時間總是不夠用。我們跟阿塞維多兄弟則是去了埃斯坎布雷山脈中的卡巴列特德喀薩斯山，那是游擊隊的總部所在。

阿塞維多兄弟把我們收編入伍。一開始，他們問了幾個問題，我記得其中一個是：「你們有鹽嗎？」

我們沒有。

他們當中有人分了點給我們。那人說游擊隊裡的食物味道很糟，沒有鹽就根本無法下咽。

切很早便過世了。他在玻利維亞戰爭中被人逮到，亂槍射死。阿塞維多兩兄弟都成了將軍，其中一人甚至高居次長之職。他們有時會來我的餐廳，我們便會關起門，開一瓶蘭姆酒，一起話當年。不過他們當時還是青少年，而切是個非常致力於革命的阿根廷人，在墨西哥認識了卡斯楚，隨他一起過來為更美好的世界奮戰。

我告訴你，與切比起來，我在卡斯楚底下所做的一切，根本就是小巫見大巫。切苛刻得

* 切・格瓦拉的暱稱，後同。

要命，如果有什麼不合他心意，他可是會把人罵得狗血淋頭。卡斯楚在訓人的時候，口氣很冷靜，這也代表你還有機會可以補救。要是事情搞砸了，而他什麼也沒說，就表示你沒有第二次機會了。

不過我當時還不認識卡斯楚，只是一直聽見別人提起他，每每不是稱他指揮官，就是喊他領袖。時不時便會有人讚揚他有多勇敢，有多會發表演說。只要是認識他的人，都會讓我覺得羨慕。誰想得到我會跟他一起度過大半生？想得到他對我來說會比親爹還親？

我自己是沒預料到會有這樣的發展。

2.

人們喝蘭姆酒，打撲克牌，對著狗兒吹口哨，挖鼻孔，在各種隊伍裡排隊：等計程車，等買魚，等買糖或等買麵粉。零件不斷嗚咽的汽車將這些人分別載往城裡較遠的行政區，那些區裡龍蛇混雜，妓女與修女、漁夫與舊書商、當人相好的與根本沒人愛的，全都混在一起。那裡的人們賣花，剪頭髮，買肉或只買骨頭，又或者是只買雞爪。

一個老婦人拎著雞爪正要回家，我朝她按下快門。「我知道怎麼用這些東西煮出美味的湯品。」她說：「來我家嚐嚐吧！」

我們相視而笑，不過一想到老婦人肯定是從革命時期以來，就沒吃過比這更好的東西，我臉上的笑容也跟著垮了下來。

我喜歡置身於哈瓦那的人潮中，隨著人們在爛牙般的公寓間走動：這樣的公寓每年都要塌個幾十幢，連重建都沒辦法。我喜歡隨著人們在癱軟的雞隻交混飽滿的番茄與芒果的市集間走動。我喜歡跟古巴人站在廣場上，那是他們透過網路與逃至邁阿密的家人聯繫的地方（在哈瓦那只有幾個地方會提供網路及熱點，而且費用高得嚇人）。他們會給對方看自己的孩子，關心對方的健康與工作情況，問候彼此的祖父母，在通話中常開心大笑。

他們也常常哭泣，因為這裡在蘭姆酒、森巴舞及雪茄等光鮮亮麗的表面下，隱藏著數以千計的悲劇。

隱藏在這裡的還有特務組織，專門管控前來此地的記者，以及那些記者想訪談的古巴人。我第一次去哈瓦那是二〇〇六年。古巴的國會大廈是華盛頓那棟的翻版，也代表著古巴和美國曾密切交往。我坐在離國會大廈不遠的公園長椅上，時分已屆傍晚，鳥群發了狂似地高啼。一名老人來到我身旁，身上穿著骯髒的西裝，看起來像已退休的公務員或會計。我坐在長椅的一端，他坐在另一端。他沒看著我，只是點點頭，說了一句：「我們這裡過得像禽獸。」

突然，兩名便衣警察從樹叢裡跑出來，在查過我們的身分證明文件後，便把護照還我，要我離開，老人則被他們帶走。我試圖抗議，卻被粗暴地推開。直到今天，我依舊不知那老人的下場。

所以當我前往古巴尋找卡斯楚的廚師時，我知道自己得隨時提高警覺。我必須小心自己，也小心那些與我談話的人。

二〇一六年春天，美國總統歐巴馬造訪古巴，這是卡斯楚革命時期以來，美國總統首次造訪。這趟歷史性的訪問助了我一臂之力。

「跟歐巴馬同一個時間去古巴吧。」我的友人胡安這麼跟我建議，他是住在波蘭的古巴人。「我們的特務全都會忙著追在美國特務的屁股後頭，沒人會有時間管你。」

他說的可能沒錯，所以我在歐巴馬造訪的整整一個禮拜前抵達哈瓦那。

古巴的首都跟我上次來的時候非常不同。這座城市裡是滿新開的咖啡店。而在最新開幕的夜店裡，廁所的門旁邊掛著一張小牌子，上頭寫著「社區革命保護委員會」。才幾年前，當整個古巴都得捍衛那革命成果時，這種事是讓人連想都想不到的。

我隨興搭乘計程車前往想去的地方。曾幾何時，我只能搭有承載外籍人士執照的那種計程車。我唯一擔心的就只有怎樣別讓自己被人指太多油水，因為古巴人總是千方百計想縮短他們與全世界的經濟差距。我可以想跟誰說話，就跟誰說話，沒有哪個老人會遭到逮捕。人們常常大膽又直白地批評卡斯楚兄弟。這一切，都讓我大感訝異。

「如果你光只是批評，沒有任何實際作為，他們就不會出手干預。」米格爾解釋道，他是朋友的朋友，父親曾是哈瓦那的共產黨重要人士。「現在已經沒有什麼人有那個力氣與意願去捍衛社會主義，我是一定沒有的。」

多虧了已經過世的父親，米格爾有很多關係。他協助我尋找卡斯楚的廚師。

「要想找到卡斯楚的廚師，最好的辦法就是透過其他廚師。」他這麼提議，而他說的沒錯。

因此，我們去了哈瓦那的一家頂級餐廳用晚餐。我們嚼著美味的牛肉配蔬菜，周圍都是殖民時期的家具，昂貴的雪茄煙霧繚繞。當我們用完餐，米格爾邀請餐廳的主人到桌邊，並向我保證自己跟餐廳主人已經是幾輩子的舊識。

米格爾比著我說：「這位先生是我的朋友。他來找廚師，找大廚，要訪問他。你得幫我們這個忙。」

餐廳的主人看了看我，又看了看米格爾，然後開始東張西望，似乎在查看牆後是不是站著特務，等著把他抓走，就好像國會大廈旁的公園裡那個老人遇上的事一樣。最後，他終於開口：「這可是祕密呀。你的朋友應該寫信去部裡……」

「寫什麼信啊？」米格爾大笑。「哈瓦那所有的廚師你都認識。你就是我們的信。」

「說不定不是所有哈瓦那的廚師都想讓人認識？」餐廳主人的回答頗有玄機。

不過米格爾輕鬆的態度大概感染了他，因為他不再東張西望。兩個人就燃油的價格、當地市場貨物的價格、各種型號手機的價格，交換了一點意見，內容沒什麼值得留心之處。

這兩名男士又閒談了一會兒，一瓶萊姆酒上桌了。大概是過了第二杯酒後，餐廳主人的戒備也放鬆到主動提起，舊城區裡就有間卡斯楚的廚師開的餐廳。再一杯酒下肚後，他又想起那卡斯楚的廚師已接受過訪問，所以我們碰面這件事不會有什麼危險（這是真的，那些訪問我自己也看過，只是內容都沒提到任何地址）。又一杯酒下肚後，老闆已經成了廣播電臺，大聲放送我要訪問卡斯楚的前廚師這件事。

「就說是我要你去找他！」他的音量大到幾乎可以算是用吼的了。「或是……」他稍稍停頓久了一點，「你從我的服務生裡挑一個帶去。他們都是上同一所學校，這樣你們會比較好說話。喬治！喬——治——！過來一下。」

喬治二十三歲，有著拉丁美洲情人般的笑容，他的相貌是如此英俊，還沒開口就叫人喜歡。

「所有美國來的旅行團，最愛的服務生就是他。」餐廳主人笑道。

由於今天已經沒有較大的團體客，喬治當場扯下圍裙跟我們去找卡斯楚的前廚師。

他的餐廳叫「伊內絲媽媽」，位在經過翻修、格調高雅的殖民時期公寓裡。伊拉斯莫·赫南德斯（卡斯楚的前廚師就是叫這個名字）戴著一副時髦的紅框眼鏡，穿著胸口半敞的襯衫。我們到的時候，他正在屋前喝黑咖啡。

我不知道他有沒有興趣跟我們交談，不過他還沒摸著頭緒，喬治便已先發揮魅力，話匣子接連拋出十幾個他們共同認識的人，當中還有幾個是他們的遠房親戚。聊了一會兒後，兩人之間已看不出有五十歲的年齡差距，就好像兩人是同一屆從餐飲學校畢業，會在考完試後一起到馬雷貢大道——哈瓦那著名的濱海大道，喝便宜的蘭姆酒慶祝。

談話之順利，讓喬治在隔日請老闆放他幾天假，好每天陪我去見伊拉斯莫。因此，早上我們跟卡斯楚的前廚師訪談，下午喬治則為我找其他能就卡斯楚或古巴菜聊上幾句的人見面。

3.

伊拉斯莫：

你要問廚房的事。從一開始，烹飪對我來說就不是件難事，這一定是因為我先前在餐廳工作過的關係。我們的部門裡有個人叫卡斯塔涅拉，是個有真功夫的廚師。每次有空，我就會去跟他請教各種菜餚的做法。卡斯塔涅拉曾經在很高級的餐廳工作過，後來得罪了獨裁者巴蒂斯塔底下的人，就加入了革命。當時的人都是有什麼，吃什麼，主要是大雜燴湯。這是在古巴很常見的湯，每個人都會做，我幾乎每天都會跟著卡斯塔涅拉做。高湯的部分可以拿香腸、培根、雞肉或是豬頭來煮，什麼都可以。高湯煮好後，加入四季豆、玉米、馬鈴薯、香腸、米、番茄——手邊有的都加進去就對了。湯裡也可以加魚或海鮮，不過我們在山上很少有魚，龍蝦和蝦子更是連想都不用想。把所有的東西都丟進鍋，用小火煮差不多半個鐘頭就行了。

這湯不只美味，更是營養，因此煮給士兵吃是再適合不過了。

切．格瓦拉吃的東西跟所有人都一樣。他從來沒有嫌過，而他可是富貴人家出生，早已吃慣高級料理。卡斯塔涅拉自然是可以為他另外料理，甚至做他家族那邊的菜色，不過要切吃跟一般士兵不一樣的東西，那是完全不可能的事。

唯一不一樣的地方，就只有一點——他十分愛吃黑豆，一次可以吃掉一大碗公。

幾個禮拜過後，我們終於往聖克拉拉的方向移動。我參加了這一團部隊所有重要的戰役，凱瓦連之戰也沒缺席。而在卡馬華尼一戰，巴蒂斯塔的士兵才見到我們，槍連一發都沒射就一溜煙逃走了。

隔天，我出生的城市也被我們攻陷了。一切發生得太快，讓我們同伴裡的有些人以為那是陷阱。不過，那不是什麼陷阱——通往哈瓦那的道路就在我們的面前打開了。這一點巴蒂斯塔很清楚，因為十幾個鐘頭後他就逃亡美國。當時發生的事情之多，我甚至沒來得及去探望我的父母。

聖克拉拉一戰後，羅傑利奧．阿塞維多升格為上尉，而安立奎．阿塞維多則當了中尉。我們所有人都去了哈瓦那。我也受到重視——切把我編入他的個人護衛隊。

不過我並沒有為他工作太久。你想知道我是怎麼到了卡斯楚身邊嗎？等一等，我現在真的得先處理這條旗魚了。你坐在這裡耐心等，我叫服務生給你送杯咖啡來。

＊＊＊

這就是我們共同度過的時光。早上就是跟伊拉斯莫喝咖啡談天，有時候一起做菜，我們慢慢培養出交情。下午則是見喬治以前學校認識的人。

直到有一天，喬治帶來了一個著實特別的消息。他得知卡斯楚另一個廚師的事，那人叫弗羅雷斯。這人沒有自己開餐廳，退休後的生活過得不是很好，在孤獨與極度貧困中度日。

但有個麻煩：這個人已經失去理智了。

「你想認識他嗎？」喬治問。「我不知道他有沒有辦法跟我們說什麼。」

我想認識這個人。

因此，我們搭著快要解體的計程車來到市郊的碼頭後方，這裡是海明威出海捕槍魚的地方。我們在一間搖搖欲墜的屋子裡找到弗羅雷斯，牆面的石膏因嚴重的壁癌而脫落，廚房裡拇指大的蟑螂亂竄，屋裡的家具只有兩張老舊扶手椅、一張沒了腳的桌子，電視機多年前也早就壞去。

弗羅雷斯已無法完整說出一件事，甚至沒有辦法從一數到十。他開了一個話題，中途卻忘了自己要說什麼，然後又開了另一個話題，跟著再次失了思緒。在他所訴說的回憶裡，唯一一樣重複出現的，就是他對卡斯楚的熱愛，還有恐懼。還有他們會來找他。誰要來？要來做什麼？為什麼要來？這些他都不想說。

從伊拉斯莫的餐廳去弗羅雷斯住的地方，等於是從一個古巴跳到了另一個古巴。

伊拉斯莫的古巴，有著彩色的鏡框與時髦的衣著，口袋總是賺飽飽，並夢想著未來還要賺更多。

弗羅雷斯的古巴，夢想著能有東西下鍋，能永遠有菸抽，不然至少能有別人沒抽完的菸頭也好。

4.

弗羅雷斯：

……你說想知道什麼？媽媽？可以……

……媽媽……

……我母親是洗衣婦，父親比她有錢，他家人從沒贊成過這樁婚事——祖父跟美國人做甘蔗生意，確實賺了非常多——所以當祖父發現父親想跟一個普通、簡單、沒有嫁妝的女孩結婚時，整個人不但氣瘋了，還又吼又叫，不過你要知道，我父親非常頑固，然而，當我……

……我有天爬到樹上，想摘芒果，摘了一顆之後，就拿著芒果坐在樹上，想著該怎麼吃，才不會破壞這顆芒果，那可是一顆特別漂亮的芒果啊，結果樹下出現了幾輛軍車……

……軍車停在樹旁，當時我才十幾歲，還是青少年與小毛頭。一個大鬍子的男人從一輛車裡走出來，身上穿著橄欖色的制服，拿著武器，問我叫什麼名字。我說：「弗羅雷斯，長官。我名叫弗羅雷斯。」他則是回答說我有一顆很漂亮的水果，然後就不說話了。我知道如果他們想要這顆芒果，就可以從我手中奪走，我根本連逃的機會都沒有。話說回來，媽的，那是一整群拿著武器的游擊隊，我能逃到哪裡去？所以我趕快說：「先生，我很樂意送給您。」然後我就下了樹，而他微微一笑，從我手中拿走芒果。「你這不是送給我，而是送給革命軍。」接著他問：「弗羅雷斯，孩子，你會讀書寫字嗎？」「不，先生，我不會。」結果他這麼回應：「弗羅雷斯，孩子，我們想改變古巴，讓你可以去學校，學讀書，學寫字，也許未來你會當醫生或部長。」他的這番話讓我很喜歡，因此我大聲說：「這想法不錯。」他身旁的人都回我一個真誠的笑容。因此，當我……

……當我第一次站在指揮官門前時，背上揹著一袋要放進爐子裡燒的木柴，屋裡的天花板很低，我得彎下腰才能在裡頭走動。我心裡想，既然指揮官比我高上許多，那他勢必得彎下腰才能從這邊進去，我這樣就跟他一樣，跟指揮官一樣。而當門打開的時候，我看見他，卡斯楚，穿著睡衣，站在門內，要我「小心頭」。然後他咧嘴一笑，把我的帽子往下拉，蓋住我的耳朵。「是，指揮官，我會注意。」我把木材堆在火爐旁，開始準備餐點。這天我該要為他做烤火雞，而他點起雪茄，看著我，好奇我有沒有辦法料理那火雞，不過……

……不過，我的朋友，有件事讓我很擔心，讓我不禁思考為什麼美國人要挑現在來古巴？為什麼他們的飛機會飛來這裡，他們的船會開來這裡？為什麼我們要同意他們這麼做？既然所有的人、全世界都知道這就像在打棒球一樣——一切都看是誰先投出第一顆球，為什麼我們要允許他們投出第一顆球？為什麼我們要在球賽還沒正式開打，就允許他們贏得這場比賽？

我只能說這麼多了。

不能再多說了。我不能，不然他們會來找我。我寧可他們不要來找我。

5.

「我認識一些人，他們這輩子老是在說自己有多麼憎恨卡斯楚，卻在他過世的時候，哭得像孩子一樣。」

我那來自哈瓦那的友人米格爾認真盯著我看，就好像想檢查我有沒有看出他的人脈有多特別。我們坐在他那可以環視哈瓦那的高級公寓裡，啜著蘭姆酒。米格爾喝蘭姆酒就像喝水，這點我也是知道的。

米格爾出生共產家庭，不過今天他是古巴半套資本主義的新中產階級。他有幾間屋子，靠關係沒花幾個錢便買到，現在租給觀光客。

「有一間我在半年內就回本，另外一間是十個月。」他的臉上出現滿足貓兒般的笑容。我相信他說的是真的。對有他這種人脈的人來說，今天的古巴可謂真正的天堂。

「當然，我得分些利潤給他人。」他補充：「一個是幫助我找到這種房價的人，另一個是發購屋許可給我的人。不過這些買賣很值得。我好，他們也好。」

米格爾喜歡聊政治。他知道很多事。他的父親不但認識卡斯楚，也認識卡斯楚的弟弟，也就是現任的古巴總統勞爾．卡斯楚。

「我也認識那些在沒人聽到的時候，咒罵卡斯楚兄弟的老共產黨黨員。」他切回正題，再度試圖解讀我的表情，想知道我是不是真的重視他講的歷史。測試的結果大概是正面的，因為他又接著說下去：「為什麼呢？因為他們認為卡斯楚扭曲了他們所相信的理念。因為那已經不是他們的革命，而是卡斯楚的。不管你問多少人，得到的都會是這樣的看法。只有一點是肯定的：他那性格是貨真價實的加勒比海性格。」說到這裡，米格爾縱聲大笑。

他是對的。卡斯楚的性格在他還小的時候就已經很清晰。許多他的傳記作者都提過，他在學校的時候就已經會跟同學打賭，說自己能騎腳踏車撞牆。他會全速衝刺，然後「砰」！下一刻他已躺在地上，還有腦震盪。他為什麼要這麼做？想必連他自己也不知道。

他往後的歲月也是由一連串好勇鬥狠、無故犯險的章節組成。就比如一九五三年七月二十六日那一天，他領著百人部隊站在最前頭，攻打古巴聖地亞哥市裡裝備精良的蒙卡達兵營。

「他們準備不全，沒有武器，根本一點機會都沒有。大多數人不是丟了性命，就是被關進監獄。」米格爾說。

卡斯楚被關在松樹島（現在的青年島），在那裡用電磁爐煮義大利麵來殺時間。他煮義大利麵煮到出神入化，相信就算再過許多年，這也還會是他的拿手菜。

他被放出來後，政府要他離開古巴。就這樣，他去了墨西哥。不過他對移民生活不感興趣，因此等時機一到，他又再次冒險，與八十二名同志坐上十二人座的遊艇「格蘭瑪號」（西班牙語的「奶奶號」），重返古巴。切．格瓦拉在回憶中描述，一路上他們幾乎可以說是吐個不停，最後還差點沒餓死，因為那趟船花的時間比計畫中的還要多上幾天。[5] 革命還沒正式開始，卡斯楚差點就先殺了自己最初的夥伴。

幸好附近的農人與燒製木炭的工人，盛情款待從「格蘭瑪號」下來且衣衫襤褸的這群人——不僅讓他們飽餐一頓，也同意讓他們購買香腸與餅乾上路吃。卡斯楚與隊友從這裡接著踏上旅程，前往馬埃斯特臘山脈。然後他再次帶著手下區區十數名武裝游擊兵，向古巴總統富爾亨西奧·巴蒂斯塔宣戰，而對方擁有的是裝備精良的軍隊與強大美國的支持。

巴蒂斯塔派出一萬名士兵迎戰叛軍。

不過卡斯楚從不計算成功的機率，也不指望任何機會。再一次地，就像當初騎在腳踏車上那樣，他全速往牆衝去，深信自己會贏，歷史會還他公道。

歷史確實還了他公道，這至少維持了數十年。

巴蒂斯塔的士兵在山上水土不服，游擊隊時不時便對他們設陷阱，政府軍的數量一天少過一天。這樣的情況一直持續到一九五八年，卡斯楚轉守為攻。一九五九年，他踩著勝利的腳步踏進哈瓦那。

6.

伊拉斯莫：

我們進入首都幾天後，我在安東尼奧．努涅斯．希門內斯家裡認識了卡斯楚。希門內斯是一名學者，之後更成為第一位踏上南極洲的古巴人。他也在切的部隊裡，後來成了國家土地改革研究所的所長。在他家的那次會面就是要談土地改革，而我也在那次會面上，得知卡斯楚需要貼身護衛。切很喜愛卡斯楚，想要跟他分享自己所擁有的一切，因此毫不考慮便要我去保護卡斯楚。我聽到這個消息開心嗎？當然！我不但終於能認識卡斯楚，還能為他工作，當然開心。

我在他身邊跟了幾年——把那個拿來，把這個送去那邊，我們去這裡，我們到那裡。不過我們雖說是為國家領袖工作，卻沒人注重伙食。跟伙食相比，我們總是有更重要的事要處理。我是頭一個開始去想領袖總是餓著肚子做事的人，所以有一天，我拿了個鍋子，在鍋裡放了點東西，然後生火。等領袖結束他的會議後，已經有碗煮好的湯可喝。那不是我的職責，但我一直都喜歡做菜。也多虧了這個興趣，我從沒有餓過肚子。

卡斯楚喜歡我這麼做，所以我就更常煮東西給他吃。

慢慢地，我開始隨身攜帶這只鍋子到處跑。有時我們一天工作二十四個小時，卡斯楚不是請了客人，就是跟客人談得忘了時間，再不然就是他突然想吃東西，而他已經習慣吃我做的東西果腹。不過，沒有人抱怨。我們所有的人都知道，只有人人全心奉獻，革命才有機會成功；不管是部長，還是侍衛，都一樣。

就這樣過了四個年頭，而這段時間裡古巴也發生了許多事：卡斯楚進行土地改革，將全國的土地收歸國有。他從美國人手中拿走工廠，致力根除巴蒂斯塔時期沒人重視的文盲問題。那些年的事我記得不是很清楚，因為一切都發展得太快了。我甚至沒有自己的房子，卡斯楚在哪落腳，我就睡在那裡。

直到有一天，卡斯楚的女性好友，同時也是我們在馬埃斯特臘山脈的夥伴西莉亞．桑切斯，把我叫到一旁：

「伊拉斯莫，你很有做菜的天份。貼身護衛卡斯楚要幾個是幾個，不過要找一個他信得過的廚師可就難了。也許你應該去專門的烹飪學校上課？」

那可是極大的讚美，因為西莉亞自己為卡斯楚做過很多次飯，卡斯楚總是說只有她做的菜才好吃。

西莉亞的話切中我的心意，我之前就已經在想這些軍隊的事並不適合我。當我把東西丟進鍋裡，當我看見調味料是怎麼徹底改變食材味道，當我發現同一道菜每次煮出來的味道都會有點不同，我反而覺得更開心。更重要的是，我煮的東西，卡斯楚和其他人都覺得好吃。

我跟西莉亞說她的提議很棒，說自己想成為一名廚師。

游擊隊裡的夥伴聽到了，都訝異不已。我？卡斯楚的護衛？我要放棄的可是一條能當上軍官的直通道。

我堅持要這麼做，卡斯楚也同意了。就這樣，我從他的護衛，成了一個廚子。要想進入烹飪學校，我得先通過考試。我當時準備了鮮魚佐芒果醬，醬汁裡還吃得到芒果塊，而這道菜也讓我順利奪冠。這樣的結果，甚至連我自己都感到意外。要做這種醬汁，你得有好的半釉汁，也就是一種濃稠的醬汁做基底。先拿含有骨髓的骨頭切小段，放進烤箱以兩百度烤二十分鐘。用牛骨做出來的醬汁味道最好，不過其他的骨頭也可以。

趁烤骨頭的這段時間，把胡蘿蔔、番茄及半顆芹菜根用油稍微拌炒。待骨頭轉為褐色，將所有的材料放進大鍋裡，以小火烹煮。要煮多久？至少要煮兩天。半釉汁如果做得好，質地會像果凍。

剩下來就簡單了：將魚切片、煎熟，最好用橄欖油煎。另外再拿一個鍋將半釉汁加熱。等醬汁熱了，魚也好了，最後再加進芒果，不過要等到最後一刻，因為芒果很快就會熟爛。

芒果要切塊，不要太小，也不要太大，大約像拇指的指甲。芒果要一直煮到化開，等魚料理好再淋上。

後來我為卡斯楚做了這道魚，他非常喜歡。這道食譜是我還在聖克拉拉時找到的。烹飪學校很棒，我們有來自法國、義大利及巴拉圭的師資。奇怪的是，沒有從蘇聯來的老師。自從美國對古巴實施禁運，這裡可是來了許多俄國人。我最喜愛的老師叫大衛．格列戈，他曾是高級飯店「哈瓦那解放大飯店」的大廚。要想成為一名好廚師，尤其是重要人士的廚師，不能只是會燒菜。燒菜人人都能學，只要有食譜，做個一次、兩次，最後總是會成功。不過當你在總統的廚房裡工作時，就得懂得規劃工作、分派任務。你得花上數小時，有時甚至是數天的時間，提前計畫。這一點，我在游擊隊裡沒有機會學，而教會我的正是格列戈。

一天，興許是就學後的半年，西莉亞把我叫去她那邊。她抱怨卡斯楚常常整天都忘記吃東西，再不就是有人煮給他吃，他卻嫌不好吃，開始半夜自己煮義大利麵——沒人比他會做義大利麵，就連她也不會。

所以，西莉亞問我能不能在下課後，過來為卡斯楚做飯。

我答應了。

7.

卡斯楚向來喜愛上等的美酒與雪茄。一九五八年五月，在巴蒂斯塔展開攻勢時，他從馬埃斯特臘山脈寫了一封絕望的信給西莉亞・桑切斯：「我沒有菸草，沒有葡萄酒，什麼都沒有。本來有一瓶滋味甘甜的西班牙桃紅酒在冰箱裡，那瓶酒跑哪去了？」[6]

聽我讀了這段引述，伊拉斯莫附和道：「不錯，他是喜歡美酒，不過誰不喜歡？而卡斯楚吃的東西跟一般古巴人沒兩樣。」

「真的？」我不大相信，因為卡斯楚是大家的好兄弟、吃的跟大家都一樣的這種形象，宣傳意味太過濃厚。「一般古巴人要排在長長的隊伍裡才能買到一顆爛掉的番茄。沒有國家的許可，他們甚至連一條魚都不能抓。卡斯楚真的只吃得比他們好一點點嗎？」

伊拉斯莫・赫南德斯皺起眉頭。

「那些排隊的人龍是美國人和他們的禁運造成的，不是卡斯楚。」他咬牙切齒地說：「而他的菜單上沒有什麼特別的東西是平常人買不到的。」

「真的嗎？」我再問了一次。「你是說他在蘇聯解體時，吃得跟一般古巴人一樣，像是吃葡萄柚排？喝糖水當午餐？」

「你懂什麼！」

伊拉斯莫生氣地將抹布往桌上一扔，惱怒地轉過身，故意開始在手機上打字。

我擔心自己太過分，畢竟卡斯楚在我們進行訪談的時候還在世，而他的弟弟勞爾是總統，有些事是他不能跟我說的。我應該放手。因此，我提了個問題緩頰：

「卡斯楚他有任何缺點嗎？」

伊拉斯莫花了點時間去想該怎麼回答，最後他說：

「有一個。他總是知道怎麼做會比較好。」

每一本卡斯楚傳記裡也都有提到這一點。不管是什麼事，指揮官都不放過好為人師的機會。不管是棒球、政治、灌溉、水稻種植、奶酪製作、歷史、地理、捕魚，還是任何領域，他都堅信自己最懂。

「卡斯楚很有名的就是他每次發表演說，都會說上好幾個鐘頭，原因就出在這裡。」我的死黨米格爾解釋道：「不管是什麼事，他是真的認為自己比別人都懂。不管是跟人們講道理、建立共產主義還是幫母牛配種，都沒人比他還會。」

他在大學的時候就是這樣了。探望教授時，才剛進門，他就已經跑到廚房教女僕該怎麼煎香蕉。

當上總統後，他常常會到城裡最好的哈瓦那解放大飯店用餐，跟那邊的廚師解釋鴨子該怎麼油封烹調，紅鯛魚的確切烹調方法又是什麼，或是說明紅鯛魚在古巴叫「帕哥羅荷」，跟龍蝦一樣。這家飯店在革命前是屬於希爾頓集團，在裡頭工作的向來是最棒的廚師。即便如此，他們還是得耐心聽完卡斯楚的長篇大論。

有名修道士叫弗雷·貝托，我在他的訪問中找到一份做龍蝦與蝦子的食譜，那份食譜獨一無二，因為是卡斯楚親自給的。他在《卡斯楚與宗教》中寫道：「蝦子或龍蝦最好不要用煮的，因為牠們碰到熱水會喪失風味，肉質也會變硬。最好的烹調方法是用爐烤或燒烤。蝦子用燒烤的只要五分鐘。小龍蝦用爐烤十一分鐘，如果是放在火紅的木炭上燒烤的話，六分鐘。調味料用奶油、大蒜和檸檬就好。簡單烹調的料理，就是一道好料理。」[7]

卡斯楚非常喜愛自己料理龍蝦與鯛魚，而他最常親自下廚的時間就是去釣魚的時候——卡斯楚喜歡釣魚是出了名的。他在卡優別得拉島上有間宅第，宅子旁有座烏龜養殖場。旁人會先為他上一碗出自養殖的烏龜湯，用完後他再親自站到烤肉架旁，為客人料理肉品。能吃到卡斯楚親手料理的魚，那可是最高的榮譽。

8.

弗羅雷斯：

……既然你一定要知道，我的廚藝是兄長教的。他在一家餐廳工作，回家後一步一步教我該怎麼切斷小龍蝦，怎麼調味蝦子，而在這之前我知道只有山藥、木薯跟鄉下吃得到的雞肉、牛肉和豬肉，還有就是芭樂、玉米、煎香蕉、柳橙、豆子。我有三百五十披索的退休金，這也夠我用了。一個人只有一個胃，吃不了兩塊雞肉，也吃不了兩條麵包，而酒……

……酒我只喝一點點，你看，我在玻璃杯裡倒一點蘭姆酒，然後加水，最上頭再加上咖啡，這樣很好喝。然後我會坐在扶手椅上，喔，就是這裡，閉上眼休息一會。這樣我就可以不用再去想事情，因為我腦中有許多各式各樣的念頭，有時我覺得這些念頭好像想從我腦袋裡跑出來，而我不知道它們萬一真跑出來，自己該怎麼辦。所以我就這麼坐著，試圖冷靜下來。但有時我也會就這麼放著不管，這麼做，有時還真能讓我成功專注在其中一個念頭上，不過有時就行不通了。

還要說什麼？我的妻子？

……妻子……

……我跟妻子的生活很融洽，我們有兩個小孩，一男一女，不過……

……不過我父親的家人不同意他跟我母親的婚事。父親於是在半夜牽走祖父的一匹馬，騎去母親家。母親當時已在等他，她跟自己的父母說要去園子裡走走。父親騎馬來，她坐上馬，兩人一起逃去別的村子，父親事先已在那裡租好一棟房子。從那天起，他們兩人就在那一起生活，父親甚至把馬送還給祖父。因為他知道既然他的家人阻擋他的路，既然他們不想同意他跟他自己選擇的女孩的婚事，那麼他連一毛錢不想從這樣的家人手中接過，也不想要土地（雖然祖父有很多土地），不要動物，而且許多年都沒跟他們聯絡，雖然祖母不斷寫信給他。不過更重要的是，親愛的朋友……

……更重要的是誰先發球，棒球靠的不只是肌肉的力量，也要有恫嚇對手的能力。如果先發投手有做好他的工作，他們可能整場比賽就這麼定了，因為敵隊的士氣會被澆滅，迷失方向。在政治裡也一樣，如果我們讓美國人先發，那麼我們就會被制約——他們的投手還沒投球，就已先讓我們昏了頭。我們得提出一個問題：為什麼在我們還處於貧困的時候，在蘇聯解體、俄國人幾乎是日漸與我們疏遠的時候，他們沒來古巴？我們的豬隻在幾個月內幾乎全都死光。我當時在場，跟著獸醫到處跑，希望自己至少能拯救幾座農場。而我跟著他四處去，因為我們那時候甚至連給卡斯楚吃的肉都沒有。這名獸醫檢查那些豬隻有沒有染上豬瘟，我記得他在一座又一座的農場裡攤開雙手，因為情況讓他無計可施，那些農場已經沒救。我們所造訪的農場，無一倖免。所以，為什麼他們沒在那個時候來，而是現在來，在我們已經站穩雙腳，在我們的披索幣值達到歷史新高的時候才來？年輕人，你能回答我這個問題嗎？……

……而指揮官，既然你一定要知道，他每天早上都吃蛋，最喜歡的是鵪鶉蛋，那是非常簡單的一餐，還會再配上一點豆子、一點米飯，而有時候……

……有時候他會跟切同志坐在國家大飯店裡，就他們兩人，卡斯楚與切．格瓦拉，而服務生會端冰淇淋給他們。指揮官很喜歡吃冰淇淋，用午餐的時候可以一口氣吃下十球，甚至是可以吃更多。不過當時他的手抖得非常厲害，我說的他當然是指那服務生，然後指揮官跟他說：「朋友，你先試試這些冰淇淋。」而服務生的臉色刷成一片死白，那是他們頭一回想到要有個人為他們檢查一切，而父親……

……父親教會我一件事——你什麼都沒聽見，要用眼睛看，觀察周遭發生什麼事，從當中得出結論，但要塞住耳朵，而當我還是個小男孩、在幫人擦鞋的時候，我把父親說過的這些話執行得徹徹底底——你的耳朵是塞住的，人們會在你面前說各式各樣的話，但如果你不想惹麻煩上身，就要馬上忘記，而我到今天都還記得，幫人擦一雙鞋能賺五分錢，所以……

……所以今天的我沒辦法跟別人一起生活，我無法習慣去教堂，坐巴士，買雜誌，讀聖經，祈禱，而年輕人對年長者一點尊敬也沒有，我付一披索搭公車，但有人讓座給年長者嗎？沒有，現在的人都無視年長者……

……倒是指揮官曾說過，要是黑人當上美國總統，我們就有機會跟美國人展開對話，不過看來這事不可能發生。若指揮官沒跟美國總統歐巴馬見面，只會是因為他不想見，而不是因為美國總統有話要來這邊說。沒有人可以對卡斯楚比手劃腳，他明白在棒球裡最重要的是看誰先投出第一球，而最懂棒球的人就是指揮官，要是有人得投出第一顆球，那只能是他，不過……

不過你得記住，卡斯楚曾跟我說過他想吃鰻魚沙拉，鰻魚就像義大利麵裡的麵，長長的，細細的。他說他曾經嚐過這樣的沙拉，要人幫他找到鰻魚，然後弄清楚該怎麼料理，然後他笑了笑，因為他顯然已經跟我夠熟，知道我就算得親自下水用牙齒去抓，我也會為他找到鰻魚。所以我跟他的侍衛開車去找漁夫，詢問是否有人有鰻魚。我們就這樣開車問了幾乎一整夜，直到我們找到一個人，對方說他知道有個地方可以抓鰻魚，不過那地方禁止進入，所以我這麼告訴他：「操你媽，你現在馬上跟我們一起下水抓那些該死的鰻魚。」我跟他說話的口氣是那麼不容置疑，他當下就明白自己是在跟重要人士說話。我們跟他一起上船，雖然整晚沒睡，早上我們又出海一次。我將鰻魚加進沙拉裡，跟番茄、奧勒岡葉、切碎的香菜、洋蔥及胡蘿蔔混在一起，卡斯楚就這麼吃到了他的鰻魚。他知道，他很清楚知道自己無論何時都能仰賴我。吃完後，他笑一笑，不過什麼都沒說，他不用說任何話，只要一個眼神就夠了。從他的眼神，我知道一切都沒問題……

……至於現在，你看一下窗外，看一下，看這棵樹，看這顆芒果，這是多漂亮的水果……

……我在考慮該怎麼吃，才不會傷到這顆芒果……

……旁邊長著檸檬樹，底下那些是番茄叢。我們把這些植物種在這裡，種在哈瓦那，種在屋前或公寓外頭的庭園，因為這些東西有時候很難買得到。如果我自己有種，就不用依靠任何人，不用搭公車去市場，不用去問任何人任何事，我就是有自己的番茄，想吃的時候就走出門摘個一兩顆，然而……

……然而我愛指揮官，他就像我父親，像我兄弟，如果他今天來跟我說：「弗羅雷斯，我需要你的雙手。」那麼我會剁下自己的雙手給他。要是他說：「弗羅雷斯，我需要你的心臟。」那麼我會把我的心臟給他……

……有一次我跟他搭船去珊瑚礁，那是一個陽光普照的日子。他去潛水，而且每次都會有兩名侍衛跟著，為了預防萬一，他們的血型跟他是一樣的，所以……

……所以那些同志從我這裡拿走了那顆漂亮的水果。我還多摘了幾顆，反正我人已經在樹上，他們的車子繼續往前開，而我就是在那個時候加入革命，安安靜靜地開始在牆上畫「七月二十六日，萬歲！」的字樣，而每次巴蒂斯塔的警察來問這是誰做的，我總是說：「我又不會讀書，也不會寫字，我甚至不知道這是什麼意思，你們別來煩我了。」

我能說的就只有這樣。我不能再多說了。我想說，但我不能，因為他們會來，而我寧可他們不要來。

……不過你知道嗎，我再跟你說一件事，我告訴你，跟人類比起來，我寧可和動物相處。就拿我的狗來說好了，牠在街上跟住我，不想離開，所以我就把牠帶回家，煮米飯給牠吃，牠吃到連嘴巴都冒汗。從那時候起，牠就坐在我門口的地墊上，如果我要出門，牠就會跟在我的後頭跑。我給牠起了一個名字叫貝多芬，因為每次碰到不合意的事，牠就會假裝沒聽見。「貝多芬，過來這邊，貝——多——芬——！」你看，牠又來了，牠不想過來，所以一直假裝這不是在叫牠，而……

……而指揮官有空的時候，會坐船去珊瑚礁潛水。他的侍衛沒有一個想過自己能像他那樣潛水潛得那麼深，或是捕到這麼大的魚、這麼大的小龍蝦。然後他們會帶著一整袋魚獲回來，這情況我見過非常多次，而他們帶回來的全部都是指揮官抓的。我會把小龍蝦這樣切——先切一半，從正中切，把肉丟到架上烤，倒上檸檬汁，這種極簡的料理方式最對他的胃口。我幫卡斯楚做這種料理還像是昨天的事，不過有時候……

……不過有時候我的心會把我喚醒，那種時候我就會坐在床上，等心跳平靜。要是心臟平靜了，我就會繼續睡覺；要是心臟依舊不平靜，我就會等，一直等到日出，然後走出家，好讓自己別再去想那些亂七八糟的事。因為我只要一開始想，我腦袋裡有太多各式各樣的念頭。也許我應該把這些念頭都寫下來，我的妻子曾經跟我說過：「弗羅雷斯，寫下來，把你腦袋裡想的事全都寫下來。寫下來吧，不然這對你不好。」她是這麼說的，而我也試過這麼做。但當我在夜裡醒來，天色還很黑，常常沒有亮光，所以在太陽出來前，我腦中已經掠過無數思緒，多到讓我不知道該怎麼把它們寫下來。那妻子呢？

……妻子……

……妻子走了。

……她寧可分居，也不要跟我住一起。我去找她，跟她解釋這些念頭都不是我想出來的，而是我有點不對勁。她把我趕走，所以當時我就想到這顆芒果，這真的……

……是一顆非常漂亮的水果，我心裡想著該怎麼從樹上下來才不會傷到這顆芒果，而底下有一隊軍車開過去。

9.

我的翻譯兼導遊喬治跟我一起度過了將近兩個禮拜。我們一起去拜訪所有跟卡斯楚的餐桌有關的人。喬治帶我去拜訪的人當中，有一個是他酒保課程的老師，在卡斯楚身邊當服務生當了許多年。那名老師的家位在哈瓦那的別墅區，我們前往拜訪。

「卡斯楚？有一次他吃雞肉噎到，差點不能呼吸。」卡斯楚的前服務生回憶道：「骨頭卡在他喉嚨裡。我們看了全都呆住，也許有三秒，又或者是四秒的時間。我們看著那些侍衛，那些侍衛也看著我們，而他在那當下一直喘不過氣來。我頭一個回神，我走過去，用盡渾身力氣朝他的背打下去。他總算喘過氣，開始呼吸，所以可以說是我救了他一命。就憑這件事，古巴裡可是有許多人樂意把我吊死。」卡斯楚的前服務生放聲大笑。

只有一次我們得中斷訪談行程。有一天，大約是中午的時候，喬治的老闆緊急召他回餐廳。那天晚上，歐巴馬帶著他妻女和丈母娘要在他的餐廳用晚餐，而我的古巴朋友要當服務歐巴馬的第二服務生。

那天夜裡，我在晚一點的時候跟喬治碰面，他跟我說：「總統吃了菲力牛排，第一夫人吃的是紅酒牛排，不過最關鍵的時刻是在晚餐剛結束的時候。歐巴馬總統看著我的眼睛，用英文對我說：『喬治，今天的晚餐我吃得很開心。』那可是極大的榮幸呢。」

「是哪件事讓你這麼喜歡？」我追問。

「他記住了我的名字！」喬治開心地說：「你能想像嗎？有時古巴的政治人物會來我們這裡用餐，但他們是絕對不可能跟你說上半句好話的。而這可是超級強國的總統，他看著我的眼睛，直呼我的名字。那一刻，我到死都不會忘記的！」

隔天，伊拉斯莫抱了抱喬治，就好像這年輕人剛經過砲火的洗禮。

「現在你也知道替總統工作是什麼樣子了。」他說。

10.

伊拉斯莫：

跟卡斯楚最大的問題是他沒有固定吃飯時間，這是他在游擊隊時期養成的習慣。對他，完全無法做任何計畫。這對廚師來說可真悲劇。不管白天晚上，你無時無刻都在待命。

不過這也不全是壞事，卡斯楚不是那種會抱怨的人。我煮什麼，他就吃什麼。要是有人批評廚師，那麼那個人大概就是勞爾。

有一次我們去比蘭，那是卡斯楚長大的地方，也是他母親一直到過世前都居住的地方——他父親在革命開始前就已經過世了。他們在那裡有一座巨大的農場。卡斯楚有八個兄弟姐妹，即使所有人都留在農場裡，每個人也都能過上富裕的生活。不過卡斯楚搞了革命，他必須以身作則。在他進行土地改革的時候，他們家的農場是古巴裡頭一批被他收歸國有的。他只留給母親一小間屋子。

所有財富都是他父親當年辛苦工作攢來的。他父親不是我們要對抗的美國資本主義家，而是來自加利西亞的西班牙人，一窮二白地來到古巴，白手起家。但卡斯楚不能把別人的土地都收走，卻放過自己的母親。他還在馬埃斯特臘山脈的那段時期，放火燒了許多甘蔗園，而他頭一個下手的就是他家的甘蔗園。你有看過甘蔗園起火的樣子嗎？我看過。空氣會變得黏糊糊的，帶著甜甜的味道。

這些事一直都沒有得到他母親諒解。當然，每次兒子造訪時，她都非常高興，總是誠摯招待我們；所有的孩子裡她最愛的大概就是他了。不過，看得出來他們之間有疙瘩。他們聊天的話題僅限於非常空泛的「最近怎樣」「一切都很好」「工作很多」「今天天氣真熱」

……。卡斯楚不想要跟母親兩個人獨處，是以不管是我，還是其他同志都多次提議要先離開，他總是說：「沒有這個必要。」

他父親認為他是個惹事精，這輩子成不了大事。他本可為家裡添增財富——他是個很有能力的人，先念完學校，然後攻讀法律，以最優秀成績畢業。他原可成為任何人。政治家？不管是哪個黨，都一定會找他當領袖。運動員？美國職棒大聯盟跟他提過工作合約。廚師？他的廚藝很好，如果他是上我那間學校，一定會成為全古巴最厲害的廚師。

念完法律學位後，他就開始幫助窮人。他沒有成為替富人辯護的執業律師，而是去幫助窮人，勉強維持生計。

他母親很會做菜。在嫁給老卡斯楚當第二任妻子前，她是他的女僕，想必也兼任廚娘。我記得有一次她做西班牙大鍋飯給我們所有人吃。我自認廚藝精湛，但我做不出那樣美味的西班牙大鍋飯。我向她打探那鍋飯是怎麼做的，她只是笑而不語。一個好的廚師從不會洩漏自己的祕訣，反而會將之帶入墳墓。當時我想，她應該是加了某種我無法辨認的調味料。

後來我跟烹飪學校的教授談到這件事，他說在這種情況下水質常常會扮演關鍵角色——水看似無味，但水質對餐點的味道影響可是不容小覷。的確，他們在離屋子旁不遠的地方有自己的泉水，而那水非常好喝。也許關鍵就在這裡？

11.

我朋友米格爾的父親拜訪過卡斯楚很多次，有時會在他那裡用餐。

「如果他還活著，他就會告訴你幾個很棒的故事。」米格爾點點頭。「比如，他說過卡斯楚在這種宴會上幾乎都不吃東西，而是一直說個不停。還說卡斯楚最喜歡的是牛奶和起司。有一次，卡斯楚成功養出一頭破紀錄的乳牛，當時他要黨內所有成員都去農場看那頭乳牛。父親也去了，不過他認為叫所有人都不要工作，浪費時間去看一頭乳牛，是有點太誇張了。」

那頭乳牛在當年是古巴革命的象徵之一，個性開朗，乳房又大又飽滿，因此得了「大白奶」這個名字。古巴人以牠為題，寫了歌，做了詩，而以那艘著名遊艇為名的《格蘭瑪日報》（相當於古巴版的《真理報》*）更是仔細描述牠哪一天產了多少公升的牛乳。

二十五年後，安立奎．柯利納導演拍攝了一部乳牛紀錄片。[8] 紀錄片裡，農場的一名員

* 波文版是寫波蘭共產黨最大報《人民論壇》（*Trybuna Ludu*），語帶反諷。英文版則調整成較為一般讀者所知的《真理報》（*Pravda*）。此處採用英文版，較易理解。

工說：「牠有時不想吃普通的草，我們就得去幫牠找百慕達草，不然就是拿柳橙或葡萄柚給牠吃。牠的乳房非常碩大，每天可產超過一百公升的牛奶。」一百公升，是一般乳牛產量的四倍。

卡斯楚確實很喜歡乳牛和各種乳製品，從起司到冰淇淋，再到鮮奶，他都愛。古巴是個把數千頭乳牛製成牛排的國家，他認為古巴人身為這個國家的居民，蛋白質的攝取量太少。在革命開始前，鮮奶或優格都只能在大城市才買得到。鄉下的人通常不喝這種東西，也沒有製作起司。指揮官認為教導人民健康與飲食同樣也是件重要的目標，並把這個目標看得幾乎跟革命本身一樣重要。

或者換個方式說，這是革命的新戰線：飲食革命。

卡斯楚自行想出把瘤牛與產乳量高的荷斯登牛雜交，取名為熱帶荷斯登牛。他一有機會便去畜牧場，教在那邊工作的科學家怎麼餵養那些動物，怎麼對待牠們，怎麼擠牛乳。他甚至教他們該怎麼替乳牛受精。然而，畜牧場頭幾年的經營非常慘淡。

直到牠，「大白奶」出現，情況才有所改善。

「從大白奶還是頭小母牛的時候，好像就已經獲得他的注意。」米格爾說：「我父親說卡斯楚在當時就已經注意到那頭牛的乳房，要人仔細觀察。從那一刻起，他就不斷詢問牠的近況。在這之前，卡斯楚的綽號當中就有一個叫『公牛』，而他對乳牛的喜愛，在哈瓦那的同志間引起不小興味。」

當眾人發現大白奶確實長成一頭破紀錄的乳牛後，便組了一個十幾人的團隊，專責照顧牠。他們會給牠送特製的食物，放古典樂給牠聽，好讓牠在一天四次的擠奶時間放鬆心情。

沒過多久，大白奶開始打破所有紀錄，甚至被「金氏世界紀錄」登錄為世界產量最高的乳牛。上一頭紀錄保持者是美國乳牛，因此這次的破紀錄為乳品大戰又增添了些火藥味。

「卡斯楚從早到晚都在談牠。」伊拉斯莫．赫南德斯回憶道：「他說：『只要有五千頭這樣的乳牛，就足夠為整個古巴供應牛奶。』」

在大白奶身邊照顧牠的，都是原本要準備給黨內大頭的照護團隊。士兵不分晝夜為牠站崗。大白奶還有自己的一批試吃員——為牠準備的草料與水果都要先由其他動物嚐過，才會送給牠吃。

至於科學家的任務則是為牠繁衍，不過牠的後代沒有一頭能像牠一樣產出這麼大量的牛乳。然而，大白奶想必察覺到自己身上背負了多麼重大的責任，因為牠開始生病。生過第三胎後，牠的病況變得非常嚴峻，也不再有破紀錄的牛奶產量。這麼一來《格蘭瑪日報》要報什麼呢？報社讀者已經習慣在報上讀到這頭超級乳牛產量的報導，人們想要牠健健康康，繼續破紀錄。

牛奶產量變少的大白奶沒辦法幫助革命。更糟的是，不會產奶的大白奶，可能會被帝國主義者視為革命中止的證據。

古巴不需要生病的大白奶。因此，一九八五年，卡斯楚親自下令將牠安樂死。

12.

伊拉斯莫：

你問卡斯楚除了蛋白質，還吃了什麼。嗯，他吃的肉很少，但很喜歡蔬菜，各種形式的蔬菜都喜歡。如果要吃肉，他最喜歡的是蜂蜜或椰奶羊肉。我是怎麼做的？你先拿羊肉，加上洋蔥、大蒜、豆子、少許胡椒、月桂葉，再倒葡萄酒，哪一種都可以，不過最好是白酒。你也可以加一小杯白蘭地。把所有的東西一起煮半個鐘頭。

然後你把半釉汁加熱。加熱的時候，要加一點點肉豆蔻。等肉煮好後，把醬汁瀝掉，加進椰奶，最後再用鹽跟芫荽調味。

他也喜歡一種只喝過母豬奶、還沒嚐過其他食物的烤乳豬。你先把乳豬的內臟清乾淨，但要留下皮、頭和尾巴。接下來要把牠浸在古巴特有的醬汁裡醃上一天一夜。醬汁的做法是把柳橙擠出汁，加入一點點橄欖油、香菜、蒜泥，當然，還要加半釉汁。肉要用特製的烤肉網壓好，讓每一面都能均勻受熱，然後把整片網子浸入醬汁裡。

先用一百五十度烤一小時，然後改一百八十度再烤一小時讓表皮上色。卡斯楚非常喜歡吃這道菜配烤香蕉。

他出門在外的時候，有時會在回程前打電話給我：「伊拉斯莫，今天給我準備一樣驚喜吧。」

所以我得為他準備一個驚喜，不過這並不容易。我們畢竟已經認識了十年。

13.

胡莉亞．希門內茲是一名四十五歲的醫生，穿著時髦的破洞牛仔褲，在美國佛羅里達州的奧蘭多已經住了二十五個年頭。她在還是青少女的時候，跟成千上百的古巴人一樣，渡海離家出走。我之所以會認識她，是因為我在馬坦薩斯由她阿姨經營的小旅館裡投宿；我想看看古巴各省裡的人都吃些什麼，而我聽說這家旅館的食物非常美味。當時是胡莉亞逃到美國後，頭一次回來探望她的阿姨。胡莉亞的阿姨是胡安妮塔太太，這位老婆婆個頭不高，身形枯瘦，臉上老是掛著微笑。我和胡莉亞每天都一起坐在色彩繽紛如童話的殖民式門廊，而胡安妮塔太太會為我們端來早餐、午餐和晚餐，每次都是不同的佳餚。

只要是出自她的手，不管是牛肉或龍蝦，還是用橙汁醃過的所謂蝴蝶排，都讓我讚不絕口，於是胡莉亞神神祕祕地告訴我：

「阿姨是妮札教出來的。」

當我問誰是妮札時，胡莉亞露出一個大大的微笑，解釋道：

「古巴料理界裡最好的一切，也是最糟糕的一切。」

說完，她覺得阿姨比較會解釋，便喚著胡安妮塔太太來我們桌邊。老婆婆坐了下來，把裙子在兩腿中間塞好，而我隔著一碗冒著熱氣的南瓜湯，準備聆聽關於妮札的故事。

五〇年代，妮札．維拉波爾上了電視，在古巴掀起一陣熱潮。她的節目一個禮拜播出一次，教古巴的家庭婦女如何正確煎牛排，如何做出花俏的甜點。一如電視圈生態，她在那段期間還當了美國攪拌機、烤吐司機及其他廚房家電的代言人，而且還出書。直到今天，對古巴許多的家庭婦女來說，那些書的地位仍有如廚房聖經。

「我當時十三歲。我們雖然沒有電視，不過還是拿到了妮札的食譜。」胡安妮塔太太回憶：「家裡有電視的人把那些食譜都記在紙上，我每個禮拜會去鄰居那裡一次，替母親抄食譜。那些食譜我到今天都還留著。」她強調：「我到今天都還在用那些食譜。」

然後胡安妮塔太太把孫女叫來。幾分鐘後，一名小女孩便從老舊的櫥櫃裡拿來一本發黃的筆記，當中記載的食譜有：

「炒牛」（*Vaca frita*）——洋蔥炒牛肉。

「舊衣服」（*Ropa vieja*）——蔬菜牛肉。

我們一一閱讀那美麗的手寫文字。

卡斯楚上臺後，妮札這種資產階級的節目在電視上似乎不可能再有，不過她的天賦也受到新的國家領導人賞識。妮札繼續她的工作，只是條件有所不同。在美國對古巴實施經濟封鎖後，許多產品開始短缺。六〇年代初期，古巴開始透過票券（如肉票、糧票等）配給資源。大多數人都得花上好幾個小時才能取得點食物，而妮札得幫助他們渡過這艱難的時期。

許多年後，妮札在與美國記者湯姆・米勒的訪談中這麼說：「我壓根兒不曉得什麼是革命，我跟革命一點關係都沒有。不過當時每天都可以看見成年男女在垃圾堆裡翻找食物，許多人挨餓，而西恩富戈斯*的有錢人卻大啖龍蝦與大蝦，品嚐高檔咖啡。」[9]

妮札．維拉波爾滿心歡喜地接受了這個為革命奉獻的任務。商店裡除了馬鈴薯，什麼也買不到？那她就教大家用各種不同的方式烹調馬鈴薯，這天她用油拌馬鈴薯泥，改天她又用洋蔥拌馬鈴薯泥，再另一回又改用大蒜來拌。她也教人怎麼做一整鍋的豬油或柳橙汁。

一九九一年，長期以來贊助卡斯楚及其革命實驗的蘇聯解體，一切也跟著改變。從莫斯科流來的財源幾乎一夜之間枯竭。而少了這份財源，島國人民發現自己陷入困境。

卡斯楚將這段時間稱做「非常時期」。在這之前的幾年，哈瓦那流傳著一則笑話：動物園裡原本寫著「請勿餵食動物」的看板，改成了「請勿竊盜動物飼料」。

蘇聯解體後，人們開始傳這個笑話的新版本：動物園裡的看板上出現了新字樣「請勿食用動物」。

還有一則笑話：古巴革命的三大成就是什麼？醫療、教育和體育。那三大敗筆呢？早餐、午餐和晚餐。

妮札做的菜也越來越簡樸，她甚至做出各種大膽的實驗，把肉類用……水果取代。古巴人至今都還會提到她的那份葡萄柚排食譜——將葡萄柚裹上麵粉煎，再加上大蒜，淋上檸檬汁。人們也會提到她怎麼教大家做「舊衣服」這道古巴出名的蔬菜牛肉，不過她建議大家用香蕉皮來取代肉。

「那段時間只能用一個慘字來形容。」胡安妮塔太太陷入思緒。「尤其是『非常時期』，甚至連葡萄柚都沒有，也沒有檸檬，沒有大蒜，沒有香蕉。」

「那你們當時都吃什麼？」我問。

不過胡安妮塔太太無法回答我的問題。後來我才在書上讀到，在「非常時期」有五萬名古巴人喪失視力。人們每隔兩天以糖水取代食物。計程車與巴士也跟著停駛。[10]

在我們聊到九〇年代時，胡莉亞．希門內茲也陷入了思緒中。

「當時我們所有人都餓肚子。我瘦了十二公斤，光是蘇聯解體的頭一年，我就瘦了七公斤。不知道卡斯楚還會想出什麼名堂，所以我父親決定不要坐以待斃，認為我們必須出發前往美國。」

為了活下去，人們開始自闢菜園，有人是闢在房子前，有人在公寓前，有人在學校的庭園裡，甚至有人在自家的陽臺上種菜。茄子、番茄、洋蔥、高麗菜、櫛瓜、小黃瓜，只要是古巴能長的，什麼都種。除了這些也有人種樹，隨著日子一天天過去，樹上開始結出柳橙、

* 古巴南部的富有城市。

芒果和香蕉。直到今天，哈瓦那每棟公寓前的庭園裡，幾乎都會有幾塊菜圃。

胡安妮塔太太說：

「當時大家都抱著看好戲的心態收看妮札的節目——這一回她又想出了什麼名堂來拯救『革命』？她又要叫我們吃什麼？」

妮札自己也瘦了。她在節目上又繼續撐了幾年，但說話的口氣越來越沒有自信。直到有一天，她的節目就這麼平白從電視上消失了。

14.

伊拉斯莫：

美國人聽說這家餐廳是卡斯楚的廚師開的，所以他們有時候會來跟我問些有的沒的。問我卡斯楚都吃些什麼，問我對替他煮飯這件事覺不覺得慚愧。但這畢竟是國家機密，我可不會隨便跟街上哪個走進來的人說。

我沒什麼好慚愧的。沒人像卡斯楚那樣，為古巴做了這麼多。

美國人非常難纏，不過最難對付的是逃到美國住、現在回來看祖國的古巴人。要是碰上這樣的人，那才真是我的天啊！以前我會跟這種人辯論，不過現在我就只會躲在廚房裡。他們把對卡斯楚的氣全都發洩在我身上。畢竟那種話一個人能聽得了幾次？在我還會跟那種人說話的時候，我告訴他們：「過去的事都過去了，現在已經不一樣了。你們以前不能來這裡，現在你們可以了。每個人在生命中都會做出一些選擇，為這些選擇付出代價。」我還說：「要是你在美國的大馬路上心臟病發作，那會怎麼樣？他們會先問你有沒有付保險，然後才開始救你。要是你沒有保險，他們可能就讓你繼續躺在地上，而我們這邊每個人都有醫生看。」

像這樣的話，他們聽得進去嗎？我很懷疑。

卡斯楚在很多方面都可以讓人批評，不過他所做的每件事，都是真心誠意的。我總是會問他們：「他把土地收走？可是他也收了自家的土地。他逼你們離開？沒有，他沒有逼你們。他說要是你們想走，路是通的，因為你們不會在他打造的這個國度，每天晚餐都吃龍蝦。」維特多，你說什麼？我現在在我的餐廳裡，每天晚餐都上龍蝦？拜託，你最好別再說了。我們再去廚房煮點東西吧。把圍裙繫上，刀子拿起來。

我偷偷跟你說一件事。卡斯楚雖然退休了，但他打過很多次電話找我，想要我過去幫他煮蔬菜湯。光憑這一點，大概就可以看得出誰是好廚師了吧。你可以拿一樣的蔬菜，取一樣的份量，用同樣的時間爆洋蔥，用同樣的雞跟牛煮高湯。但我煮出來的，卡斯楚會一碗接一碗喝；別人煮出來的，只會得到卡斯楚的抱怨。一個好廚師得要有兩把刷子，要有額外的天份，也因此他煮出來的東西才會特別好吃。卡斯楚曾這麼跟我說過：「我不知道你是怎麼做的，不過你的湯味道最好。」

食譜？很抱歉，反正我也已經跟你說太多了。就像卡斯楚的母親跟她的西班牙大鍋飯一樣，這伊拉斯莫的蔬菜湯食譜，我也要帶進墳墓去。

不過我們可以一起做檸檬生魚醃。你要嗎？

拿一塊魚排，哪種都可以，只要是白肉就好。把它切成丁，加進檸檬、一點點橄欖油、鹽、胡椒。還要煮洋蔥，這樣這道菜才會有強烈的香氣和味道。你要再放進一瓣壓碎的蒜頭，一點點辣椒，然後放進冰箱裡冰個十五分鐘，這樣就行了。

15.

弗羅雷斯：……你說什麼？……

……再說一次……

……喔——……

……你說我跟卡斯楚指揮官很像？謝謝你這麼說，讓我跟你握個手吧，不然能擊個掌更好。來吧，擊掌，「秋卡欽可」，我們在古巴都是這麼說的。很多人也都是這樣跟我說，我每次聽了都很高興自己跟他很像。指揮官年輕的時候，有時他心情好，也會跟我說：「弗羅雷斯，你我還真像啊，要不你來穿我的制服，假扮我幾天，讓我休息一下。」不過我總是回答：「指揮官，這是不可能的，沒有人能當卡斯楚。」指揮官每次聽到這個回答都很滿意，所以……

……所以你看，我的錢沒了，得跟隔壁小姐要一根香菸；她是個好鄰居，給了我兩根，有時她也會給我食物，哪，你看我的鍋子裡有什麼，雞肉跟飯，這都是她給的，你想吃的話就拿根湯匙自己來吧。我的糧票也都在她那邊，我跟她說：「妳把這些票都拿去吧，鹽、豆子、雞肉，都拿去吧，我有需要的話，妳再給我。」不過我知道她每次給我的，都超過那些票能買的量，古巴人都是好人，會跟別人分享……

……而要是他們不跟別人分享……，這麼說吧，有一次切去參觀一家工廠，廠長請他到辦公室，說道：「指揮官，要不要來點冰啤酒？」當時要買到啤酒真不是件容易的事，所以切問他：「你要請我喝啤酒，那我的同志呢？」那廠長回答：「啤酒我沒幾瓶，不過我可以請他們喝冷水。」你知道嗎？那人馬上就被切從廠長的位子上拔掉。切對他說：「如果你的啤酒只給我喝，那你算哪門子的共產黨員？」……

……我能說的就這麼多了……

……真的，相信我，我不能再說了。我寧可他們不要來找我……

……我再跟你說件事好了，也就是說，我告訴你，卡斯楚非常喜歡冰淇淋，他可以一口氣吃上十五球、二十球冰淇淋，他一直以來的夢想，就是讓每個古巴人天天都能買到冰淇淋，都能去科佩利亞*，都能在那裡吃到比美國還要多的口味。他要人用羊奶、驢奶做冰淇淋，他甚至要人用野牛奶做冰淇淋，而他在嚐過味道後，說那些口味真的都很好吃，說我們應該要更常做，而……

……而你可吃不了兩塊肉，吃不了兩隻小龍蝦，就連指揮官也吃不了那麼多。在他乘船去珊瑚礁潛水時，他的侍衛沒有一個想過自己能像他那樣潛水潛得那麼深，或是捕到這麼大的魚、這麼大的小龍蝦。在他抓到的東西裡，他只吃了一隻小龍蝦，一、隻、小、龍、蝦，剩下的他都分給其他人，他這個人就是這樣，什麼都會跟人分享。

16.

卡斯楚年事已高，病痛纏身，但他心裡依舊掛念革命與烹飪這道革命前線。二〇〇五年，他發起一場快鍋大行動：古巴政府每個月都會派發好幾萬個快鍋給各個家庭，古巴人收到的鍋子加起來，總數超過兩百萬個。

二〇〇八年，卡斯楚徹底放下政權。在有些人以為他已辭世的時候，他突然像沒事人一樣出現在起司工廠，並且進行了一場長達數小時的演講，談世界的改變，也談該怎麼發展古巴的乳製品工業。

他在歐巴馬（還有我）訪問古巴的八個月後，在哈瓦那過世。

幾天之後，我打電話給伊拉斯莫致意。

伊拉斯莫說：「我哭得跟個小孩一樣，連我自己都嚇了一跳。畢竟他都幾歲了，這一天早晚要來。我以為自己早就準備好了，但我沒有。我跟他一起度過了將近六十個年頭，就連在他最後的那段日子裡，我都還會去找他。他想要我給他煮點東西吃的時候，就會有人從他

---

* 哈瓦那最出名的冰淇淋店。

家裡打電話來，然後我會過去。他過世的那天我本來也要去他家，不過以前部隊裡的一個朋友給我打了電話，我那個朋友直到最後一刻都陪在他身邊。」

他在電話裡頭說：「伊拉斯莫，你不用來了……」

「是嗎？」我只這麼問道。

「對。」他答道，然後痛哭失聲。

17.

弗羅雷斯：

……然後……

……然後我第一次去卡斯楚家的時候，背上揹著一袋煤炭。我打開門，他，指揮官，斐代爾．卡斯楚就穿著睡衣站在裡面。「小心頭。」他咧嘴一笑，把我的帽子往下拉，蓋住我的耳朵。「是，指揮官，我會注意。」我把煤炭堆在火爐旁，開始準備餐點，而指揮官問我知不知道怎麼料裡火雞，我回答：「是，指揮官，我知道。」所以他就在一旁坐下，仔細盯著我看，然後問我知不知道怎麼烤去過骨的火雞，所以我說：「是，指揮官，我知道。」然後他問我確不確定怎樣才是正確的做法。他沒有等我回答，就自己告訴我把火雞去骨的正確做法。「弗羅雷斯，」他說，「記住了，火雞的骨頭一定要從屁股取。」然後他開始笑，我也跟著一起笑，然後指揮官吃了我烤的火雞。他一個字也沒說，不過他什麼都不用說，因為我知道既然他什麼都沒說，就表示他覺得好吃……

……我只能跟你說這麼多了。我會永遠照顧他，照顧卡斯楚，我的指揮官。他對我來說就是一切。我的整個人生就是他……

……我昨天才剛見過他，他站在園子裡，就是這裡，你可以透過窗戶瞧一眼，他站在那裡，對我微笑，然後我看著他，想確定他是不是需要什麼，我們都是用眼神理解彼此，他只要微微瞇一下眼睛，我就知道自己得走過去。不過這一次他要我明白，他已經不需要我了，一切都按照應有的樣子發展。

抱歉，不過我真的不能再多說了。你最好現在離開。

卡斯楚的廚師伊拉斯莫．赫南德斯。© Witold Szabłowski

伊拉斯莫（左）陪同卡斯楚接見《百年孤寂》的作者馬奎斯（中）。© Witold Szabłowski

WITOLD SZABŁOWSKI

JAK NAKARMIĆ DYKTATORA

甜點

木瓜沙拉

柬埔寨劊子手波布
&
廚師永滿

1.

一開始，我先聽見一道具有感染力的爽朗笑聲。那笑聲是如此魔性，讓我不由自主想加入，一起大笑。至於是在笑什麼，這不重要。這笑有道理，還是沒道理，也不重要。我得不斷在腦中重複自己是來找誰——波布。種族滅絕。殺戮地帶。我得在腦中重播這部片的畫面，[**]只要是對柬埔寨稍微有點興趣的人都知道：頭顱、脛骨、骨盆、肋骨、脊椎。四年不到，受害者將近兩百萬。

所以，我先是聽到那出名的笑聲，然後她才現身。永滿，為二十世紀其中一個主要罪犯擔任廚師多年的人。

為了找到她，我去了沿湖岸分布的小縣市安隆汶縣。那座湖叫塔莫湖，是以最後一位帶領紅色高棉（又或者該說是紅色高棉的殘黨）的血腥領導人命名。

在這裡所建造的房子就跟柬埔寨其他地方一樣，蓋的速度很快，但毫無規劃，甚至有部分是蓋得莫名其妙。而前紅色高棉軍的士兵及他們的兒孫，就像腐爛棕梠樹上殷勤工作的糞金龜一樣，在這些雜亂無章的屋舍間來來去去。安隆汶縣是他們最後的飛地，當年來到這裡的，都是最倔強的一群，直到最後都對革命深信不疑。

一九八八年，波布在城市外圍的叢林中過世。餘下的士兵繼續堅守陣地一年的時間，直到塔莫被逮補，由直升機載去金邊的監獄才告終。

首先我得開車繞過一個荒謬的紀念碑——一隻站在白球上，被四頭鹿看守的鴿子；那似乎應該是一個和平的象徵。然後我經過一間小餐廳，還有一條注入湖中的小溪，最後看見一間加油站。加油站後方有個鍋子，裡頭曬著一大條、一大條的羅望子根。我要找的地方就是這裡。永滿大力握住我的手表示歡迎，對著我哈哈大笑。我什麼都還沒說，她就已經先哈哈大笑。

因此我再度在腦中對自己重複：波布、波布的事、跟波布有關的事、因為波布而發生的事、波布所造成的罪過。不過這沒有用。阿姨的笑聲具有感染力。我握住她的手，不知道從什麼時候開始，我也跟著她一起大笑。

2.

我太年輕就嫁人，至少我現在是這麼想。

*（前頁圖說）柬埔寨獨裁者波布接受美國廣播公司採訪時露出招牌笑容。©Getty Images

** 一九八四年描述柬埔寨種族大清洗的同名電影，台譯《殺戮戰場》。

我丈夫叫畢姜。你看，這裡有掛他的照片。他跟我上同一所學校，他認識我哥，說他很久以前就已經注意到我。不過他一直等到知道我跟他同樣屬於組織後，才認為我是他理想的妻子人選。他跑去問我哥哥同不同意我們的婚事。

哥哥開始跟我說畢姜有多聰明、多勇敢。他確實是很聰明，當年以優異的成績畢業，是學校創校以來數一數二的好學生。他也不缺勇氣，所以他能在多年後成為將軍，這也是有跡可循。

只不過，我不是很確定我哥說的是哪位朋友。不過我當時已經投身革命，而貴敦說服我共產黨員應該跟自己人結婚。因此我們碰了面，聊了天。畢姜給我的印象很好。「好吧，就這樣吧。」我在心裡下了這樣的決定。

當時我的未來丈夫在橡膠工廠做事，表面上是一名普通的工人，實際上他去那裡工作是為了要說服人群加入我們。他建了一個規模不小的網絡，不過他的意圖卻被士兵發現。幸好有人即時警告他。從那時候起，畢姜便躲了起來，所以我們的婚禮是祕密舉行。我們到城外一個友人的家裡。出席婚禮的有學校的同學，還有被丈夫拉進黨裡的橡膠工廠工人。貴敦兄弟以「安卡」之名鄭重宣布我們結為夫妻。禮成之後，所有人馬上作鳥獸散，免得被軍方發現我們的集會。

黨為我們在桔井省的村子裡租了一間小屋。那是個跟黨關係交好的村子，所有的村民都支持我們。有天，那裡出現了另一個女人。畢姜沒有說她是誰，也許他自己也不知道。我沒有多問。「帕娜莉阿姨」——他是這麼介紹她的。那女人並不漂亮，卻有一雙纖細的手。看得出來她從沒在田裡工作，也沒碰過鍋子。

我沒問她是打哪來的。我也沒問她是在躲誰，因為她顯然是在躲當時掌管柬埔寨的亞努親王的軍隊。我只負責不讓她受任何人打擾。有時她會把我拉到一邊，說她夢想中的柬埔寨是一個所有孩子都能上學的國家。

「我也有同樣的夢想。」我答道，不過如果要我說實話，這並沒有引起我的同情。她很少出聲，給人有點高高在上。所以當一個月後出現兩個男人把她帶往叢林時，我鬆了一口氣，她終於走了。

我跟畢姜是一對奇怪的夫妻。他在全國到處跑，為黨組織單位，而我則負責到其他村落及城鎮派發「安卡」的公報。我們幾乎沒碰上面。

一天，畢姜遭到逮捕，因此我們接下來整整三年都沒見上面。

3.

他是個很貼心的孩子，「連一隻蒼蠅都不會傷害」。[11]多年之後，波布的大哥森這麼描述他。他大哥此言不虛，眾人時常提起小沙洛特紹（這是日後獨裁者波布的本名），因為他真的是個特別開朗又親切的孩子。

我在金邊市中心一家時尚歐式咖啡館與一名叫宋伯瑞的男子碰面。他是歷史老師，在首都的學校裡任教。宋伯瑞說：「波布在一九二五年出生，當時的柬埔寨還是法屬殖民地。他父親是個有錢的大地主，姐姐甚至成了柬埔寨國王的其中一個妻子。」

在獨裁者波布剛過世的時候，《紐約時報》的一名記者跟森聊過，他至今仍不明白小沙洛特紹離家後發生了什麼事。青少年時期，波布的求學表現一般。在他離家前往首都金邊念書時，對政治根本一點都不感興趣。當時的他很常踢足球，也會玩點音樂，而他的成績差到得在兩年後從貴族中學轉到市郊的技術學校。不過他在那邊趕上課業，並在隔年獲得去巴黎的獎學金。

他跟著另外二十個拿獎學金的學生搭船去了法國。所有人很快便開始想念高棉菜的滋味，因此有兩個學生趁著船在吉布地靠岸的時候，到市集買了檸檬、胡椒和香料，全帶上船，打算煮點高棉的東西吃。一如菲利普．蕭特在他不朽的波布傳記中寫到，當時的小沙洛特紹會做菜。他當時到底煮了什麼？是在哪裡學會怎麼煮的？

很不幸，我並沒有找到任何記得年輕波布手拿鍋杓模樣的人。

4.

兄弟，別以為我只注意到波兄弟的笑容跟他是美男子這兩件事。村子裡的姑娘總會到基地裡閒晃，當時有不少人都愛上他。他走在路上，女孩子總是會咯咯笑。我雖已嫁人，也跟著她們一塊笑。當時我們都很年輕，而他是如此俊美，有幾次我們甚至笑到掉淚。

不過波布對這種事絲毫不以為意。

在跟波布他們住了十幾個月後的一次早餐上，我意外看見一張熟悉的臉孔。一樣纖細的手。一樣的笑容。「帕娜莉阿姨」——我的腦中閃過這幾個字。

對，那是她。

某個人說：「姐妹，來認識一下，這是波兄弟的太太。」我愣愣地站著。

為什麼都沒人跟我說過波兄弟已經結婚？

「安卡」甚至連這種事都要保密，這讓我覺得很遺憾。不過我假裝什麼事都沒發生，客客氣氣地行了禮，說我們已經認識。她對著我微笑，說她記得我。我呈上早餐，在餐後收拾器皿，一句話也沒說。

從那時起，帕娜莉阿姨便留在了我們的基地。她跟波兄弟一起住，跟其他的同志一起用餐，我也習慣了有她的存在，尤其是我的丈夫在這段期間出獄，某一天出現在我們這裡。他來的時候，我沒有認出他。他總是瘦瘦的，不過他現在看起來就好像有人在骨頭上套了一層皮。而他對我露出一個大大的笑容：

「妳好啊，滿同志。」

波布也笑了。

「滿姐妹可是把我們這裡所有人都餵得飽飽的。」

然後他開始大笑，畢姜也跟著他一塊笑。

5.

白天他會開著一台好車，雪鐵龍，這在柬埔寨可沒有多少人享受得起。他跟柬埔寨的主要反對勢力的民主黨領袖一起工作，跟金邊有名的美姑娘孫宋瑪麗約會，所以他從小就過著講究美食、充滿品味的生活。

不過他會在半夜參加祕密集會，與其他人計畫革命。

「從巴黎念完獎學金課程回來的沙洛特紹，成了一個徹頭徹尾的革命家。」歷史老師宋伯瑞說：「他就是從那裡開始與一個政治色彩極為濃厚的團體打交道，在那環境的不斷薰陶下，他開始痴迷政治。」

沙洛特紹在巴黎認識了各式各樣的人，其中包括英薩利與喬森潘，而這兩人在日後成了他最親近的同志，相知多年。他在那裡也加入了「馬克思主義圈」——這是一個崇尚共產主義的學生組織，也是孕育日後「紅色高棉」的搖籃。

「他接連幾年都留級，被組織送回柬埔寨。當時國內一片混亂。巴黎的年輕共產黨員想要有人摸清在地有哪些組織，又有哪些組織的目標與他們相似。」宋伯瑞先生跟我解釋道：「沙洛特紹去了金邊，然後又去了當時正在跟美國作戰的越南南方民族解放陣線*的基地。」

* 常被稱為「越共」，後同。

有趣的是，沙洛特紹在叢林裡又再度拿起鍋杓——他在軍中的食堂煮飯。

他在越共待了幾年才回來，跟孫宋瑪麗重新聯絡上，又開始約會，就這樣過了一段日子。不過孫宋瑪麗見沙洛特紹的政治生涯沒有未來，決定另嫁他人。

「聽說這給波布的打擊很大。」宋伯瑞說：「從那時候起，他這輩子就只有革命。」在美麗的孫宋瑪麗結婚後不久，沙洛特紹也娶了妻子。他選擇的對象叫喬帕娜莉，是紹在巴黎時期的同學英薩利的大姨子，同時也是柬埔寨第一位取得碩士學位*的女性。

他在城裡的一所高中教了幾年書。那段時間裡，他再度為自己在眾人心中留下了絕佳的印象。

「我遇過一位老師，他是上一輩的人了，跟波布在同一所學校工作過一年。那個老師說，像波布這樣熱心教學、受學生愛戴的年輕教育家可是很少見的。尤其當你想到紅色高棉關掉了所有的學校時，這點就顯得更加特別。」

不過沙洛特紹並沒有教太久的書。統治柬埔寨的施亞努親王容不下共產黨，從巴黎回來的學生所成立的團體也越來越沒有活動空間。於是，他們決定是時候將革命事業移進叢林，準備好全面奪取政權後再回來。

6.

我跟導遊宋伯瑞在路上經過柬埔寨的一個省份，這裡很讓人傷感——政府允許大企業將叢林幾乎砍了個精光。今天一直到高原盡是一片荒蕪的乾草原。靠木頭賺錢的主要是泰國來的企業，而森林要經過百年才能重生，而且有可能根本就不會再長了。

宋伯瑞問我想不想看美國炸彈留下的坑洞。六〇年代，美國人在這裡丟下了好幾十萬顆炸彈，不過大多數的炸彈坑都已經被填掉，而他要給我看的那個彈坑狀態還挺不錯的。

我想看。

因此，我們從柏油路開進了黃土路，繼續前進了幾公里，直到抵達一座小村落。一群瘦巴巴的狗兒跑到我們面前，不過每隻都搖著尾巴。牠們對著我們吠，不過比較像是在盡牠們該盡的義務，而不是打從心底相信牠們能把我們嚇跑。宋伯瑞走進一間竹屋，那是高伯伯的家，他是村子裡年紀最大的人。他好像已經將近九十歲，但還記得許多事情。柬埔寨裡約有將近半數的人口還不到三十歲，他的年紀與記憶可說是真正的寶貝。

---

* 另有一說為學士。

宋伯瑞問高伯伯能不能帶我們看那個炸彈坑，所以老先生便套上塑膠拖鞋，拿起粗拐杖當支撐，跟我們一起坐上車。

「我還記得他們丟下這顆炸彈的事。」他把拐杖往左揮，示意我們該在這裡轉彎。「那些飛機載著炸彈，從大老遠就可以聽得見。我們當時都很害怕，因為那些炸彈會造成很大的破壞。隔壁村有一顆砸在寺廟上，炸死了十二個人。我們這裡是砸到住家，那戶人家裡有八個孩子。」

高伯伯用拐杖示意我們在一片棕灰色的灌木叢前停車。接下來我們改用步行。

一穿過灌木叢，我們便看到了炸彈坑，裡頭雖然長滿雜草灌木，但那大小還是令人印象深刻。

「炸彈剛爆炸後，裡頭可以擺得進三頭大象，一頭疊一頭。」高伯伯說：「現在可以擺兩頭。」

就我對大象的瞭解，他說的沒錯。

砸在柬埔寨的炸彈代號是「菜單」，在那之後的作戰行動都用餐點起名。

一九六九年三月，也就是美國總統理查．尼克森上臺後的兩個月，下了投擲炸彈的最終決定。當時跟美國打仗的越共在柬埔寨也有基地，而那些美國炸彈是打算要削弱越南人的實力。

將近五十架B－52轟炸機在磅湛省疑似越共基地的地方，投下超過兩千噸的炸彈，這是「早餐」。疑似，因為那些原本該要削弱越共的炸彈，大多砸在了平民百姓的頭上。

然後是「午餐」時間——另一波炸彈攻擊。

還有「點心」時間。

「晚餐」時間。

「宵夜」時間。

以及飯後的「甜點」時間。

「菜單」作戰裡砸在柬埔寨的炸彈總計將近十一萬噸。對於美軍轟炸柬埔寨，一般美國人也被蒙在鼓裡，只有少部分的軍人及總統府人士才知道。

不過那還只是序幕。

「菜單」作戰結束了，甚至連越戰也結束了，但柬埔寨依舊遭受炸彈轟擊。美國人在這個小小的國家裡，總計丟下了超過五十萬噸的炸彈——連同兩顆原子彈也算在內，這噸位數是美軍在二戰時期轟炸日本的三倍。

這些轟炸造成了至少十萬名柬埔寨人喪生，實際數字也許還要更高——確切受害人數無法估計。

砸在柬埔寨的美國炸彈越多，就有越多人加入紅色高棉。一九七〇年初期，他們的兵力不過是將近兩千名游擊隊，兩年之後就超過了三萬名。他們幾乎掌控了半個國家。

美國公民被政府騙了超過四年之久，柬埔寨空襲的真相一直到水門案[12]醜聞爆發才浮上臺面。

一九七三年八月十五日，美國國會下令結束轟炸。當時紅色高棉的兵力已經來到四萬至五萬人，而且節節推進首都。

7.

我們把高伯伯載回他的竹屋。他脫掉拖鞋，躺在地上，說這樣的姿勢讓他比較好度過正午，正午的太陽最曬人。他看著天花板，就好像想數清楚天花板上停了幾隻蒼蠅。

我們又聊了一會兒，宋伯瑞老實告訴他我們是來找波布的廚師。高伯伯想了好一會兒，最後說：

「我最小的弟弟在波布時代是村子裡的領頭。我當時已經成親，妻子在田裡工作，他去那裡找她，兩個人不知道為了什麼事情吵了起來。她跟他說我們明明是一家人，自己從來也沒想過該怕他。晚上她回到家，被弟弟的人抓住，打成重傷，兩天之後死了。她沒有服從命令，下場就是這樣。」

不管是我，還是宋伯瑞，都不知道該說些什麼。我含糊地說我們很遺憾，由宋伯瑞替我翻譯，不過高伯伯只是陷在回憶裡，甚至連看都沒有看我們。

「弟弟跟他的人用這種方式殺掉了超過五十個人，有些是被他們用打的，有些是被他們活活餓死。他不是個壞人，卻做出這樣的行為，真的很奇怪。一直到越南人來，趕走了波布，我的弟弟才不再當頭。幾年後他得了一種癌症，皮膚一塊一塊慢慢地掉，好像甚至連鼻子都掉了。我不知道這是不是真的，因為他都沒有出門，不過大家都這麼說。他的妻子跑了，孩子也都不想認他。村子裡的人甚至連一杯水也沒給他端去。他不知道是什麼時候過世的，死後也沒人想將他安葬。」

「他葬在哪裡？」宋問。

「跟其他人一樣，在坑洞旁。」

「坑洞旁？我們十幾分鐘前才去過的那個炸彈坑？」

高伯伯點了點頭。他弟弟就葬在我們停車地點旁邊的草叢裡。

點都不知情。

因此，我們剛才是走在一座巨大的墳崗上，底下躺著高伯伯的妻子和弟弟，而我們卻一

我請宋伯瑞問高伯伯為什麼沒告訴我們。

「你們問的是炸彈坑。」高伯伯完全沒把視線轉向我們，只是一直盯著天花板上的蒼蠅。

8.

紅色高棉的領導層時常與廚娘結婚。後來當上一國之首的喬森潘娶了個名不見經傳的女子，叫蘇所潔。他頭一次見到她，就是她為他和其他領袖端來食物的時候。蘇女士在多年後回憶，喬森潘從那時候起便常去廚房幫她，再不然就是跟她一起將種子分類。她不知道該怎麼看待他的殷勤——他是個知識份子，在巴黎念過書，而她只是個平凡的村姑。「一直到他來幫我剝蒜頭，我才有機會檢視他的為人。」她說。[13]顯然檢視的結果是正面的，因為沒過多久兩人便結了婚。

革命兄弟裡的第二把交椅農謝，則娶了廚娘利今森。紅色高棉掌權後，農謝兄弟時時警

惕自己要以身作則，不讓自己的妻子擔任高階職位。他成為柬埔寨的統治者之一，而她則繼續揉她的麵糰。

波布幾次提議要讓農謝帶著妻子出國，說利今森女士是抵抗行動的光榮戰士，不會有人對此有任何負面看法。不過農謝寧可將她留在廚房裡。他不想被其他人用異樣的眼光看待，以為他為自己的配偶謀求特權。

就連領導人的妻子，有時也都得站到鍋子前。比如後來成為國防部長的宋成之妻雲亞，或是後來成為外交部長的英薩利之妻喬蒂麗。即使兩人受過高等教育，革命事業也非始於廚房，日後更分別出任教育部長及社政部長，仍得多次下廚，而且不管是高就部長前還是後，都一樣。

所以，政權五大巨頭之中就有四人的妻子在廚房工作。唯一一個沒人見過她手拿鍋杓的，就是波布的妻子喬帕娜莉，也就是帕娜莉阿姨。

無論是在世上哪個國家，廚師的世界都沒有像在柬埔寨這樣，與政治的世界如此交織。

永滿：

游擊隊時期，基地裡很少有女性出現。就算有，主要也是來自村子裡的女孩，她們不是來給我們煮點東西，就是到菜園裡幫忙。當時領導人都還年輕，會受女孩子吸引，不過「安卡」容不下花邊情事。如果你想跟女孩子交往，就得跟對方結婚。

我跟波布？我知道他喜歡我，而且是非常喜歡。有時他會拿各種事來問我的意見，因為他知道我總是有話直說，再不然就是來廚房看我工作。有時我低著頭，比如在剝玉米粒，然後突然覺得有人在觀察我。我一看，是波兄弟。他在那裡站了多久？又是為什麼？我不知道。每當我抬起頭，他總是會微微一笑，然後走開。

不過我當時已經嫁人，他也有了妻子。我們之間沒什麼好說。男婚女嫁，這種事在「安卡」裡完全沒有模糊空間。

9.

帕娜莉阿姨的舉止從某一晚開始變得不一樣。她大聲說我們得小心，因為越南人正等著殲滅我們。

「奇怪。」我心想。越南人幫助我們作戰，我們跟他們結有盟約，不過我當然連一個字都沒說。

波兄弟當場停止用餐，擦乾淨嘴巴，離開桌前。

沒人跟帕娜莉阿姨進行討論，這讓我覺得有些奇怪，因為兄弟們總是很愛討論，有時甚至熱烈過頭。不過這回所有人只是結束晚餐，回去睡覺。

這情況看得我一頭霧水。

那一晚之後，帕娜莉阿姨越來越常提到越南人，而且越說越多。她說他們想把我們殺掉，說他們痛恨我們，說越南人與高棉人是世仇。

直到有一天，他們聚在桌前開會，有名副官給波布端了杯水，卻被阿姨搶走，狠狠砸在地上。

「紹！」她大吼：「紹，你不能喝這個！這有毒。」

波布兄弟請她冷靜。

「不，紹，我不能冷靜！」帕娜莉阿姨繼續大吼：「他在水裡灑了毒藥！越南人想毒死你！」

然後她看著他，他也回看著她。

他沒有再說一句話，但我永遠忘不了他那悲傷的表情。波布總是心情爽朗，總是笑臉迎人，總是開開心心。但那一天的他，看起來像是被人從土裡拔出來的木薯。

隨著日子一天天過去，我們發現帕娜莉阿姨有時舉止仍然正常，會參加會議，發表合乎邏輯的意見，跟營區裡的人聊革命和我們的日常生活。

有時她則會說越南人的事。在這樣的日子裡，她會完全封閉在自己的世界裡。那個世界一定很可怕，因為她渾身發抖，用一雙空洞的眼睛看著我們。她也會在夜裡醒來大叫，不是叫著「越南人要來了」，就是嚷著要逃命。她會大力拉扯波布，把他搖醒，說服他跟她馬上一起逃進叢林。再不然就是像動物一樣吼叫，整個基地都聽得見她的聲音。

那時我才明白，為什麼當初她開始提越南人的時候，波布會走開。

我也明白了離我不遠的那間小屋是要蓋給誰的。那間屋子直到現在都是空的。

帕娜莉阿姨把越南人掛在嘴邊的那幾天，他們會把她關在那間小屋裡。帕娜莉阿姨不論吃喝或解手，都在那屋子裡。

我還是會為他煮飯，不過餐點由一名高地高棉人送去小屋，再由同一個人將盤子拿回來。有時我會聽見帕娜莉阿姨的咒罵和尖叫。她用了各種最難聽的字眼罵他，雖然他只是替她送餐，然後在帕娜莉阿姨上完大號後讓一個女孩進去打掃。沒有人想在那附近打轉，帕娜莉阿姨在那種日子裡可以很張牙舞爪。

當帕娜莉阿姨不再大吼大叫後，幫她整理穢物的那個女孩就會去幫她梳洗。然後高地高棉人會從她門前走開，而帕娜莉阿姨又會再度出現在我們基地裡，就好像什麼事也沒發生似的，開始跟人們交談。她也會回去波布兄弟的小屋，兩個人又住在一起。

我不喜歡帕娜莉阿姨。這不是因為她病了，而且發病的時候會大吼大叫，還會失禁。我不喜歡她，因為我在她還沒生病前就已經認識她，而我認為她自詡高人一等，為人並不客氣。她跟波兄弟完全不一樣。

再說，她大波布兄弟五歲這點，也讓我覺得噁心。我沒聽過有哪對夫妻是妻子的年齡比丈夫大的。有些人在背地裡說，帕娜莉阿姨一定是給波兄弟下了什麼咒語。

我不相信咒語這種事，不過我也認為波兄弟值得更好的妻子，更何況她並沒有特別漂亮。我不想說她很醜，不過也不能說她耐看。在我們基地做事的女孩裡，有很多都比她好看上許多，開朗上許多，也年輕上許多。跟她相比，那些女孩都更有資格當波布兄弟的妻子。

不過，這些我當然從沒跟任何人提過。

我也許不喜歡帕娜莉阿姨，但帕娜莉阿姨卻基於某種原因而喜歡我。

在她把越南人掛在嘴邊的日子裡，有一次波兄弟的副官告訴我，波兄弟由衷拜託我過去她那邊，試著安撫她。

「我哪知道該怎麼做？」我不高興地問，因為我根本就不想去。

「她喜歡妳。妳在她身邊坐著就好。」副官解釋道。

因此，我去了，而她確實冷靜了點。她讓我替她梳頭，餵她吃飯。我留在她那裡過夜，而她不再大吼大叫。隔天晚上，我把自己的藤墊搬去她的小屋，在裡頭蓋著毯子睡覺。

就這樣過了幾天，直到有天夜裡我醒過來，看見帕娜莉阿姨沒在睡覺，只是盯著我看。她坐在她的床墊上，雙眼張得開開的，看我的眼神好像她認為我是越南人，要來殺她。

我嚇死了。我沒有起身，睜著雙眼躺著，看她會做什麼。

我沒法再入睡，就這樣一直躺到早上。帕娜莉阿姨也沒有。太陽升起後，我便跑去幫她跟我們的領導人做早餐。

這樣的日子讓我吃不消。

幸好幾個月後，我得了高燒，原來是瘧疾。

這樣也好。我寧願得瘧疾，也不要跟帕娜莉阿姨待在一起。

10.

六〇、七〇年代，美國炸彈從柬埔寨的天空落下，國內有越來越多領土落在共產游擊隊手裡，再加上龍諾將軍發動閃電政變，奪走了施亞努親王的政權，很難想像當時能有哪個國家比柬埔寨還要不穩定。

施亞努逃去中國，那邊的共產黨人建議他在這種情況底下，應該要跟紅色高棉結盟——在那之前，雙方一直是處於不共戴天的敵對狀態。

對施亞努來說，與在叢林裡聚集多年、以推翻他為目標的共產游擊隊合作，是讓自己能保留政治影響力的唯一方法。對紅色高棉來說，與親王結盟則有很大的宣傳效果：柬埔寨的農民相信王室能降雨，也能收雨，所以他們害怕在龍諾政變後，大地會不再生長。多虧有施亞努的結盟，紅色高棉的志願軍人數開始更加膨脹。

一九七一年，紅色高棉帶著親王在他們打下來的領土上巡禮。那不管對他，還是對當時與他見上面的人來說，都是很難忘的經歷。對滿姨來說也一樣。

永滿：

那一整段期間，我都以廚師的身分陪行。我很高興自己能認識他，可以天天見到他。另一名廚師是後來成為國防部長的宋成之妻雲亞。我們兩人聊了很久，討論要為親王準備什麼。我們決定要做既讓他覺得好吃，又要是傳統高棉菜的菜色。

我發現親王為人很客氣，不過他一點也不想吃我們準備的東西。他自己帶了中國的罐頭食品，還有奶油跟餅乾。他身邊有人每天會為他烤新鮮的圓麵包——那種麵包在法國形狀長得不一樣，叫長棍麵包。我有一種感覺，好像我們那些去過巴黎讀書，知道什麼是長棍麵包的領導人，都很嫉妒他有圓麵包吃。領導人沒一個說話，但眼光全都轉向了圓麵包。

親王連試都沒試過我們做的菜，只是吃他的罐頭和麵包。這讓我們很失望。柬埔寨農民集體出來歡迎親王，他不想接受他們的款待嗎？

我當時想，他是怕被下毒。

直到過了幾年，我每天在中國都會見到他後，我才明白他只是看不起我們的料理。

11.

人們穿著用汽車輪胎做的拖鞋，佔領了一座又一座的城市，而城裡的人則熱烈歡迎他們，相信他們會帶來和平。馬德望的居民平索菲回憶當時空氣裡感受得到節日的氣氛。那是一九七五年的四月。平索菲跟他的友人跑到街上歡迎剛奪下他們城市的游擊隊。他們對游擊隊的瞭解並不多。他記得那些年紀輕輕的革命黨人會怕罐頭。他回憶道：「罐頭裡有東西

（想必是殺昆蟲的毒藥）讓他們的一個人生了重病，所以後來他們認為既然沙丁魚罐頭上有魚的圖案，就表示裡頭裝的是給魚吃的毒藥，要我的一個朋友把罐頭丟進垃圾桶。而我看到那些游擊隊吃牙膏。」[14]

其他人則見過游擊隊喝馬桶水。

四月十七日，波布的游擊隊奪下金邊，接著立刻執行他革命事業當中的一個標竿計畫——將城裡的居民遷到鄉下。他們想在鄉下打造全新的人。他們將措手不及的人們（通常是他們從街上抓的）趕成一排又一排的隊伍送往鄉下。他們也會到人們家裡，要人在幾分鐘內打包好所有必需品。他們說這是基於安全理由，因為美國人計畫轟炸金邊。他們承諾幾天之後，所有人都能回到自己原本的家。

那都是謊話。

起初，他們幾乎沒殺什麼人，只是處決了前朝的人和無法在鄉下自力更生的病人。

他們也拿走人們的眼鏡與鞋子。他們認為這兩樣東西都是過時的資本主義象徵，是個人主義的表現，而新的、更好的柬埔寨得離這些東西遠遠的。新政府從人們腳上拔下來的鞋子在金邊的街上疊了一堆又一堆，一直擺了許多年。

農娃倫在金邊的一所私立中學教法文。她同情紅色高棉多年，所以當游擊隊奪下首都後，她便跟著一群朋友去迎接。幾年後，一名波蘭記者維斯瓦夫・古爾尼次基在越南的柬埔寨難民營裡，寫下了關於她的報導：

「巡邏隊把她攔下來，要她加入一群人，而那些人的臉上個個寫著害怕與困惑。即使抗議也無效。一名士兵用槍柄往她的背上打，要她脫掉鞋子，丟掉證件，跟著隊伍走。」[15]

農娃倫試著跟對方爭辯，下場就是被分到待遇極糟的懲罰隊伍——波布的隊伍。她在那隊伍裡一直挨餓。「她每天只分到一百克的米，一個月一顆蛋，偶爾（而且是非常隨機）有一碗魚漿，還有農村家常湯配冬粉、蔬菜及魚塊。不過也有的時候，共產廚房一整個禮拜只派了八十克米，其他什麼都沒有。」

12.

我得了瘧疾，病得很重，好幾個月都得靠拐杖走路。同志們說我差一點就沒命了。

我之所以能活命，都是因為波布給了我他的藥丸。他的藥丸本來就很少，卻分給我。

因此，我成功逃離死亡的魔掌，卻逃不出帕娜莉阿姨的手心。波布不想被她和她腦中的越南人妨礙工作，便任命她為婦女聯盟的主席，而我則是她的祕書。

我以為自己會氣到哭出來！

不過波布看到帕莉娜阿姨喜歡和我在一起，「安卡」想要我跟她一起工作。

「安卡」就是我。

我就是「安卡」。

沒有任何模糊空間。

我主要的任務就是把她跟領導層隔得越遠越好。我先前就知道阿姨喜歡小孩，她跟波布沒辦法有自己的孩子。喬帕娜莉還沒嫁人前，得了癌症，切除了卵巢。

我認為跟孩子在一起能讓她比較平靜，所以我在被我們解救的村子裡舉辦見面會。孩子為她唱了歌、唸了詩，接著席地而坐，把生活種種說給我們聽。她跟著他們一起唱歌，她非常喜歡聽那些童言童語。

我們出門的時候，帕娜莉阿姨從沒提過她的那些越南人，也沒有大吼大叫或不梳洗。對，有些時候跟她溝通確實比較困難，那種時候的她讓人感覺心不在焉。孩子為她唱歌，她卻只是盯著牆看，好像她這人不存在似的。有時候她會突然問我：「紹同志在哪裡？他安全嗎？」不然就是說：「妳可不可以帶我去找他？」

不過這還是比在營區裡夜不成眠要好上許多。

之後我們回去找波布，阿姨把她在村子裡的見聞，包括每一個細節，都講給他聽。在這種短短的片刻裡，我都會看見波布兄弟當初愛上的她——聰慧、靈敏、觀察入微。

可是過了幾天、幾十天，她又開始在營區裡到處看見敵人，所以我們又得再次上路，就這樣反反覆覆。

直到有一天，我剛好在磅湛省，有個年輕男孩跑來喊我：

「姐妹，姐妹！」

「怎麼了？」我問。

「金邊拿下了！」他大喊，然後繼續跑。我首先想到的當然是波布。我很開心，因為我知道這對他來說是大日子。不過我也擔心他，我記得他有多麼在乎人民，在乎到夜裡無法入睡。我也可以想見現在整個國家的重任都擔在他肩上，他的擔憂只會更多。他照顧所有人，身邊卻沒人照顧。

13.

他們尿在一個大鍋子裡，等輪到最後一個男人解手時，鍋底的尿液已經開始發酵。甚至連外交部長英薩利也是用這種方式解手。勞倫絲．皮克曾寫道：「那股臭味簡直叫人難以想像。」[16] 她是紅色高棉高官的妻子裡唯一一個來自西方的，在金邊現場經歷過波布的統治。她起先也是廚娘，然後成了翻譯，還在菜園裡幫過忙。外交部官員的尿就是要給她種的植物當肥料。

要證明你是一個共產黨人，最好的方法就是洗廁所——這在高棉的文化裡被視為是很低賤的工作。膽子最大的會光著兩隻手洗廁所，用指甲摳掉濺到牆上的排泄物。這也難怪，畢竟他們是在為自己的生命奮鬥。

皮克也提到她參加長達數小時的自我批評，在那種場合上想出各種大小罪過來承擔，還要出賣朋友。

有一回自我批評時，有個被懷疑偷玉米的人也參加，承認自己有時肚子餓，會去摘一根玉米烤來吃。他被人連同妻子一起送去鄉下。「後來他再也沒回來了。人們說，既然他們會餓肚子餓成這樣，那他們就一定是叛徒。」[17] 皮克寫道。

在紅色高棉的柬埔寨裡，說「他們再也沒回來」，就表示他們人已經死了。

紅色高棉統治期間，饑荒不斷擴大，甚至外交部（當時的名稱叫B1）也無法倖免。每當送米的車隊到了，員工就會大喊：「『安卡』萬歲！經濟線萬歲！集體化萬歲！」

然而，米經常沒送來。

因此，有個叫欣的廚娘用藥草、野草和香蕉心做了湯，但她有時連可以放進鍋的東西都沒有，再不然就只有一籃壞掉的蛋和一籃發霉的水果，要給所有的員工吃。

皮克當時有個重要的發現——紅色高棉將飢餓當成政治工具。

飢餓是作為不服從的懲罰。

飢餓是作為出身不好的懲罰。

飢餓是作為疾病的懲罰，是對革命事業無用的懲罰。

飢餓能維持秩序。

「飢餓取代了所有的念頭……，我們每次得到食物，就會很感激『安卡』。」[18]

只有在重要幹部舉行政治研討會的時候，部裡的菜單才會變動。在那種時候，會有一輛專門的車子載魚、蔬菜，甚至是龍蝦來。

一九七五年，永滿和她的丈夫畢姜，與一群傑出的革命同志參加了一種訓練。那些同志叫「砰」，也就是前輩。「砰」沒有跟其他的B1員工一起住宿，而是分別住在之前資產階級在城裡的別墅。按皮克的記載，他們不只吃得比較好（有雞肉、豬肉和飯可吃），還有紅酒可以喝，而他們的保全會給他們送新鮮出爐的麵包。

一般的柬埔寨人在同一時間卻是死於飢餓。

永滿跟丈夫參加的那場研討會，主題包括「安卡」的願景與遠見、遷城與遷城的效應（一定是正面！）、取消貨幣和施努克所扮演的角色。波布親自向「砰」說明施努克是紅色高棉的人質，可以任由他們擺布，說他是頭被關進籠子裡的老虎。

「柬埔寨的革命在歷史上前所未見。」他們說。

「亙古不變的城鄉隔閡已然消弭。」

「『安卡』趕過了列寧，超越了毛澤東。」

「全世界都在看『安卡』，因為它的革命是最美麗，也最純潔的。」

14.

「安卡」拿下金邊的兩個月後，我被叫過去。我丈夫已經在那裡，他首先得到了中央銀行課長的職位，然後又進了領導圈，而那個領導圈則決定我們要成為世界上第一個不使用錢幣的國家，因此國家也不再需要銀行。

當時我們兩人都被送去受訓。訓練開始前，我問波布：

「我去上這些研討會做什麼？我想煮飯！」波布兄弟笑了笑。「滿姐妹，『安卡』需要妳去做別的事。」他解釋道：「畢姜兄弟會被派往中國出任大使，而妳將會成為大使夫人。」

我甚至連大使是什麼都不知道，所以我說：

「我哪兒都不想去。我想留在這裡，留在柬埔寨！」

我想繼續為領導層做飯！

波布再度笑了笑。

「現在會由農謝的妻子，也就是利今森姐妹來為我們煮飯。我們有另外的任務要交代給妳。」

那對我來說是件很困難的事，我大概連眼淚都掉下來了，但我總不能像傻子一樣地鬧。「安卡」比我們更清楚什麼是對我們好，該怎麼要求我們。我們就去中國，到時再說吧。

我知道這是為了黨而做的事，是為了革命事業，也是為了波布兄弟——一如我這輩子一直在做的事一樣。

15.

B1的地下領袖是個叫𡠹的女人。她丈夫叫當，掌管工業部的貿易局，就是他把妻子安插在只給外交官出入的商店當負責人。[19] 𡠹的積極態度與商業手腕日益老練，後來更成了英薩利的得力助手，負責管理整個B1。她把自己的遠房近親全拉了進去，讓他們擔任越來越多的職位。

勞倫絲．皮克回憶她在菜園工作的時候，曾成功栽植出幾列比較好看的高麗菜。𡠹幾乎是馬上就出現，把所有的高麗菜都拿去她的外交官商店，完全沒分給部裡挨餓的員工。

「每當戰爭或革命，像𡠹這樣的人總是能找到活路。」歷史老師宋伯瑞說：「她只擔心自己在這當中該怎麼獲利、能獲多少利。外交官商店裡的錢沒有人控管，而她的親戚佔領越來越多的職缺，開始形成小圈子，助長她的勢力發展。」

波布的廚師永滿剛好是𡠹的外甥女，而在柬埔寨駐中國的北京大使館，更是新政府派任外交官的地點中層級最高的館處。法國學者狄昂在《揭露：柬埔寨的痛苦地獄》中的篇章撰道，畢姜之所以能前往肥水最多的中國首都出任大使，完全是因為𡠹想將自己的外甥女往那裡送。

原本對施努克親王身邊的裙帶關係痛恨至極的柬埔寨共產黨，很快也步上了他們的後塵。

16.

我問了永滿三次婻的事，還有她們的關係，以及她的丈夫是不是因為婻的關係才當上大使，而且我每次問的場合都不一樣。

這三次永滿都採用典型的高棉做法——假裝沒聽見我的提問。

17.

出發前我們跟領導層有一場告別會。波布在會上讓我吃了一驚——我被命名為大使館的黨委書記。也就是說，他們把我變成畢姜的上級。所有人都知道黨是最高的，而在黨內丈夫卻成了我的下級——他雖然貴為大使，不過使館內的黨委會議卻由我主持，他必須聽我的命令行事。波布訪視北京的時候，稱我為副大使，還笑著問我丈夫有沒有乖乖聽我的命令。

我在北京非常努力。一年之後，我開始說中文；兩年之後，我的中文已經說得很輪轉。我甚至把中國的電影翻譯成高棉文。不過這跟我的丈夫比起來，依舊算不了什麼。畢姜花不到一年的時間就把中文學起來，就連北京的同志也感到訝異。

抵達北京的一年後，我們的第一個兒子出生了。接著我們又有了兩個小孩。他們全都是上中國的學校，所有人到今天中文還是說得非常好。

只有一件事讓我覺得無所適從——我什麼都不需要自己動手做，不用洗衣服，不用燙衣服，不用煮飯。這些事情都由館內雇用的中國幫傭做。

最讓我覺得奇怪的，就是我們有一個廚師。他叫做勞松，經驗老到，只給我們煮中國菜——豆子、高麗菜、雞、餃子和春捲。勞松的廚藝比我好多了，所以只要有時間，我就會請他為我露兩手。最起碼，我的餃子和春捲就是這樣學來的。

18.

我跟朋友的朋友約在金邊見面，那是一對兄弟，一個叫蓋，一個叫普拉，兩人都從紅色高棉的統治中存活了下來。普拉在旅遊業工作，帶著遊客走遍柬埔寨——從古老的神殿吳哥窟，到可以觀賞海豚的桔井市，再到首都金邊及濱海的施亞努市。蓋在銀行工作，是個經理，但他最鍾情的是摩托車。不久前，要在柬埔寨盡情奔馳還是件難事——紅色高棉摧毀了大部分的道路，因為那是過時的帝國主義象徵，因此蓋就去了泰國。他碰過兩次重大車禍，兩次都奇蹟生還，但這並沒有阻止他繼續追風。

「一個在不自由環境下長大的人，這一輩子都會很高興自己獲得自由。」他說。

我們坐在首都一家比較高級的餐廳裡，一人叫了一碗糖醋湯，開始聊起紅色高棉統治的時代，當時這兩兄弟都還只是孩子。

普拉：

一九七五年波布上臺時，我一歲半，還在喝母親的奶水。母親在得知自己要被送去公社，而那邊糧食短缺後，便決定不要給我斷奶。

蓋：

許多年後，我們意外遇見一位當初和我們母親在同一個公社的女人。那段時間的事普拉不記得，我也不記得。不管是夫妻、兄弟姐妹，還是鄰居，紅色高棉都非常注意不讓他們住在同一個公社裡。他們想要打造一個全新的社會，所以必須打斷舊有的一切聯繫。長成青少年的我也被迫跟普拉和母親分開，送去完全不同的地方。

普拉： 我晚上是跟母親一起睡覺，這點我很肯定。

蓋： 這也不一定，因為就連年幼的孩子也常常跟父母分開，由黨，也就是某個照顧者來撫養。既然他們允許你們一起睡，也許母親當時已經生病？詳情如何，我們並不知道。我跟其他大人被帶去工作，從早到晚都在割稻。我們的級別很好，是第二級，因為母親成功瞞住了父親曾是軍人的事實。

普拉： 她拿幾個月前過世的女性友人的姓氏當作自己的，報給紅色高棉，沒有人發現。

蓋：

我們的父親在內戰期間，死於與紅色高棉的戰鬥上。要是他們發現這件事，我們鐵定沒命。無論如何，我們只得到一點點食物。不誇張，就是米跟一坨黏糊糊的東西。每天都一樣，沒有味道，沒有肉。一個正在發育的男孩每天要做那麼辛苦的工作，卻完全沒有吃飽的可能，所以我跟我的夥伴金一起去抓老鼠。我們會悄悄溜出去，要是被人看見，我們就麻煩大了。我們從公社裡偷走了幾段長的鐵絲及火柴。偷火柴這種事現在聽起來很可笑，不過在當時可是大事。我們花了一個禮拜的時間觀察守衛，找出一個看不見廚房入口的地方，確認火柴擺的位置，然後我負責把風，金則溜進廚房。五分鐘後，他回來了。那是我生命中最漫長的五分鐘。

拿到鐵絲和火柴後，我們開始在晚上出去打獵。我們得躡手躡腳，靜靜等待老鼠出現，然後伸手快速一抓，運氣好的話，就有肉可吃了。我們會生一小堆火（可不能讓人發現煙），吃完再神不知鬼不覺地回到營裡。

直到有天晚上，自我批評的時間，有個領導人開始猜是誰偷了廚房裡的火柴。我以為我的心臟都要從胸口跳出來了。幸好營裡的人開始批評廚娘，我跟金一句話也沒說。他們原諒了那些為我們煮飯的女人。她們受到某種懲罰，詳情我已經不記得了，其中一個人好像被移去別的營區。我當時有什麼感受？今天的我都覺得很愚蠢，不過你不能用正常的標準來看待那段不正常的時間。我們每個人都拚了命想活下來。

話說回來，金到最後還是被殺了。我不知道是什麼原因。有一天他就這麼不見了，再也沒出現。也許他們在他身上找到火柴？我真的不知道是發生了什麼事。

你知道嗎，我現在想，他們如果聰明的話，就該讓大家去抓老鼠。那些老鼠不只毀了作物，也毀了種子，而當時大家都很餓，一定會把牠們全都解決。對我們來說，烤老鼠可是珍饈佳餚。我後來去過各個地方品嚐美食，曼谷、北京，有幾次還是在真的很高級的餐廳用餐，不過我的人生中已經沒有什麼東西，可以讓我覺得像當時的那些老鼠一樣好吃。

普拉：我不知道這件事，那些老鼠的事。

蓋：我跟你說過，顯然你忘記了。

普拉：

我不知道。

蓋：

普拉，你知道。我們每次從金邊去馬德望看阿姨的時候，路上都會經過賣老鼠的地方，三隻一元。我每次都跟你說那件事。而且我每次都說：「老弟，找一天我們停下來，你試試看烤老鼠的味道。」因為沒嚐過烤老鼠的人，就不知道生活是什麼滋味。這沒什麼可怕的。只要逼自己吞下去就好……

普拉：

我從來不曉得……

蓋：

你只不過是把它拋到腦後。你這樣做很對，這種事最好不要記住。如果辦得到的話，我也想忘掉。

普拉：

紅色高棉掌政的時期，我什麼也不記得，我當時還太小。我只記得媽媽是怎麼死的。

蓋：

她本來就已經病了好一段時間。這是那個女人告訴我們的。沒人有辦法說出她是怎麼了。紅色高棉殺掉了所有的醫生，公社裡唯一的醫療人員是個跟我同年紀的男孩，被他們訓練過幾天，學怎麼打針、怎麼把癤切開。不過母親並沒有長癤，沒有東西可以讓他切，而注射劑從來都沒送到我們這邊過。沒有人能確定她是怎麼了。

普拉：

有一天早上我醒來，摟住她，把一隻手放在她身上，等她也做出一樣的事。可是，媽媽沒有摟住我。半夢半醒間，我開始找她的乳房——她當時好像已經沒有餵我奶了，但我還是有這樣的反射動作，會在夜裡找她的乳房吸吮，才能安心。

不過那隻乳房是冷的。

我徹底醒了過來，開始搖她，大叫：「媽媽！媽媽！醒來！」不過她沒有醒來。

我不明白發生了什麼事，開始哭泣。

這是我童年的第一道回憶，第一件記住的事。母親僵硬的雙手。

蓋：普拉老弟啊……不是每個人都有辦法把事情忘掉，既然你做得到，那就把這件事也忘了吧。你記這種事要做什麼。

19.

紅色高棉掌政期間，人們吃的不只是老鼠。

人們吃蝗蟲、蟋蟀、蛆、紅螞蟻及這些昆蟲的卵。

人們到森林裡抓狼蛛，用煮的或生火堆烤來吃。

人們把青蛙包在芭蕉葉裡，放在火上烤來吃，就像一九七五年以前的人們包魚或各種肉類那樣。

人們吃大象、烏龜、蜥蜴、水蛇和其他蛇類，還有蠍子，喝的是白蟻卵湯。人們吃蝙蝠，或煮或烤，甚至喝蝙蝠血，相信這樣可以得到力氣與健康，因為蝙蝠吃很多水果。

紅色高棉統治期間，人們幾乎吃掉所有的短吻海豚——這是非常稀有的哺乳類動物，海水、淡水兩棲，原本有好幾千隻的數量，到今天只剩下幾百隻。只要是抓得到的鳥，人們都吃，包括那些鳥所下的蛋。

20.

按滿姨的說法，當初把她拉進「安卡」的那個親戚貴敦，是她這輩子認識過最親切的人，而他也成為紅色高棉高階領導人肅清行動中的第一個犧牲者。一九七七年，他遭到逮捕，被送去S21——一個進去就出不來的地方。那座監獄的地點幾乎就位在金邊市中心，專門關對政權最有危害的敵人，主要是被控叛國的前紅色高棉成員。貴敦承認自己打算殺害波布，還向泰國人、美國人及越南人尋求支持。[20]

「在這種情況下，會是全家連坐——兄弟姐妹，甚至是跟被告碰巧有接觸的人。」宋伯瑞說：「肅清展開後，所有跟叛國有關係的人都丟了性命。」

拿貴敦來說，他懷有身孕的女兒就在肅清中喪生。還有早在游擊隊時期就被他說服加入革命事業的人，他們唯一的罪過就是被不對的人拉進「安卡」。

蝓和她丈夫當也在那些人中，兩人在某一天就這麼憑空消失了。

甚至只要是跟被告稍微沾上邊的人，都會丟了性命。勞倫絲・皮克寫過關於一個叫帕的人，他負責照顧Ｂ１院子裡養的兔子，妻子是蝓的助理。當初他們夫婦沒有跟蝓一起被殺掉，他便認為只要兔子活著的一天，他們兩人都能活命。因此他盡心盡力照顧那些兔子。

一天，那些兔子開始發腫，帕提心吊膽地跑去找懂點醫藥的勞倫絲・皮克。原來這些兔子染上兔傳染性黏液瘤，一旦染上這種病毒，便是藥石罔然。帕跟兔子染病這件事一點關係也沒有，即便如此，他跟他的妻子，還有他們幾個月大的嬰孩都在不久後消失了。[21]

21.

當我得知貴敦的死訊，頓時腿都軟了。

之後我又陸續收到消息，說接連有大使連同配偶被召回金邊，而那些都是我們在B1受訓的同期。他們當中沒有一個人從金邊回來。駐在寮國的永及丁兩人、駐越南的江與杜、駐北韓的顏和倪，全都沒能逃過一劫。

人們說他們是間諜，為越南人、美國人、俄羅斯人辦事。這是真的嗎？也許有一點吧。又或者有人搞錯了，將無辜的人處決。柬埔寨當時有很多敵人，美國人完全無法接受他們的轟炸沒有半點效果，蘇聯與越南也不允許我們當家作主。難道除了我們以外，所有人都背叛國家了嗎？

我不知道。

我以為接下來會輪到我們，等一下就會有人來給我們遞信，要我們也回金邊。

我告訴你，真要來了，我會回去的。

中國人很喜歡我和外子，有幾個人讓我們知道可以倚靠他們。他們會試著將我們藏起來，可以把我們送去別的國家，幫助我們逃亡。

每次談到這種話題，我總會一刀斬斷，我永遠都不可能同意這種事。

「安卡」就是我，我就是「安卡」。

如果安卡要我回去，我會回去。

如果安卡認為我該去坐牢，我會去坐牢。

如果安卡認為我叛國，我會同意安卡的說法。

一如英薩利所說，安卡像鳳梨一樣，有一百隻眼睛。

我有一百隻眼睛嗎？沒有，所以我相信安卡看得更多，懂得更多。

而如果安卡認為我該死，我會死。

我從來沒跟自己的丈夫談過這件事，就連他從大使的身分卸任後，就連波布過世、我們已經住到安隆汶縣這裡後，我們都再也沒有提起過那段往事。不過我知道他跟我抱持同樣的想法。

不過沒有人召喚我們。我們沒有收到任何一封信，繼續過我們的日子。

22.

貴敦死後，紅色高棉只繼續執政一年。

帕娜莉阿姨的惡夢成真了。越南人現身，本該屹立不搖的金邊不過幾天就被奪下，而波布的革命事業也像惡夢一樣結束。越南人一步一步發現前同志的罪行。

儘管所有人都知道他們的殺戮惡行，紅色高棉還是有很長一段時間被世界認為是柬埔寨的合法政府。波布及他的革命事業追隨者回到森林中的基地，試圖從那裡奪回政權。他們此舉是徒勞，但在販賣木材及寶石方面卻有很不錯的斬獲，因而攢了不少財富。

同一時間，西方國家擋下了聯合國針對他們罪行的調查——主要是想削弱共產越南的勢力，因為當時美國跟越南還有帳要算。而架構這些政策的建築師之一，便是當時擔任美國總統卡特國家安全事務助理的布里辛斯基。*

23.

金邊失守？我們在幾天前就知道這事可能會發生。與我們素有交情的索馬利亞、塞內加爾及蘇丹大使來找外子，告訴他：「衛星照片顯示，越南在邊境調動大量兵力。」

* 他也是位波蘭人。

外子回答，就算他們正在調動兵力，最終也將是徒勞無功，因為我們的軍隊隨時可以迎戰。

不過，實際的情況並不是這樣。

當越南人踏入金邊，施努克則出現在北京——波布不想讓他遭到俘擄，畢姜到機場接他。中國人為親王準備了單獨的住所，不過他在那裡窮極無聊，便常常來使館。

外子特地為親王學網球，因為親王依舊希望眾人把焦點都放在他身上。他就像個大孩子——你們看喔，看我有多麼與眾不同，有多麼聰明，有多麼會打網球！所有的事他幾乎都要抱怨，不過他算是喜歡我，我也不知道為什麼。他對我說：「夫人，只有您會關心我。」一然後笑得跟個大嬰兒一樣。

輸球的時候，他總是會生氣，把球拍扔掉，然後兩個禮拜都不跟我們說話。不過之後他會再回來，像沒事發生一樣。

波布失去了一切，逃到叢林深處躲避越南人，而我的丈夫卻在跟施努克打網球。這一切就好像是場惡夢。

直到有一天，英薩利的信來了。當時依舊是外交部長的他，將畢姜解任，召我們回柬埔寨。

如果是在幾年前，我會明白英薩利這封信的意思，不過現在除了字面上的意思——要我們回去——再也沒有其他意涵。

24.

越野車又載著我們去另一個基地，我們直接被帶去見波布。他老了，看起來非常疲憊。跟上次我們在北京見到他的時候比起來，頭髮掉了許多，人也虛弱了不少，不過他依舊是個美男子。

我甚至沒有問要不要為他煮點東西，這種事不需要明說。當我把食物擺到藤墊上時，他說：「哎呀，我們的阿滿怎麼煮那麼少啊，這樣我們一定吃不飽。」他依舊說著二十年前我們倆都還年輕時的笑話。我哭了。我目睹他的夢想破碎，看見政府把他當過街老鼠一樣拉下臺。他又得了一次瘧疾，當時的他想必已飽受癌症折磨，但病情卻在幾個月後才被診斷出來。我知道越南人到處散布謊言，說他掌政的時候殺人如麻。我唯一能想到的，就是他在聽見這種消息的時候，心裡會有多難受。

不過我幫不了他。

我哭了，可我不想害他傷心，因此我對他展現笑容，又笑又哭。而他看著我，也笑了，然後走去他的屋子。

從那時候起，每當他見到我，都會說：「我們的阿滿怎麼了？每次見到我就笑。」而事實上，我每次都很想哭。

我也注意到帕娜莉阿姨已不在他身邊。基地的人告訴我她的狀況變得很糟，他們只好把她帶去國內別的地方，免得波布兄弟傷心。

隔年，波布去中國待了一整年，主要是為了調養身子。回來之後，他幾乎不碰肉——那邊的醫生不許他吃肉。因此，早餐我為他做炒麵、燕麥粥和炸春捲。我得四點就起來，才能趕得及做好一切。

午餐他只喝湯，最常喝的是肉湯。有時他會吃煎魚或魚乾，但中國的醫生唯一准許他吃的肉就只有烏骨雞——那是中國特有的雞種，肉是黑的，骨頭也帶黑，而中國人相信用這種雞煮出來的湯可以補元氣、補身體。

因此我為他用烏骨雞與甜瓜煮了湯。這是很簡單的一道湯品：先把雞去骨，等湯開始冒泡，再把切好的甜瓜加進去。

湯很重要，可以安撫他的胃。不過波布只喝湯，肉不是給農謝，就是給英薩利吃。

當時的情況很不好，不過還有更糟的事在等著我們。

25.

密頌是個鄉下女孩，十八歲，臉圓圓的，經常幫紅色高棉的軍隊搬運軍火，因此練就了一身肌肉。有人在戰壕裡注意到她，便將她從一堆阿兵哥裡帶去給領導層。滿姨還沒從北京的使館回來前，都是密頌為波布和其他兄弟做飯。

波布的妻子喬帕娜莉自出逃金邊後，便在拜林獨居。而密頌既年輕又漂亮，對了波布的眼。「安卡」的話事者為他們的領導人破了例，讓年事已高的他娶她為妻。

波布成了另一個與廚娘結婚的紅色高棉領導人。

26.

知道這件事後，每當我看著他們兩人的時候，心裡都很不捨，非常不捨。密頌姐妹照顧他的方式，不像一個妻子照顧丈夫應有的那樣，而且她的舉止很快就像被寵壞的施努克——

她是領導人的妻子，因此所有的東西都是她應得的。當然，她會為自己和波布煮飯，不過所有的人還是跟我說：「波布兄弟比較喜歡妳做的菜。阿姨，別生氣，為他煮點吃的吧。」

可是我心裡還是一把火。我替那麼多人煮過飯，從來沒有人趕著來給我幫忙。我想要他們把我從領導人的營區調去別的地方，而我把這個想法大聲說了出來。

英薩利聽見了我的要求，一天，他突然開始跟我談起貴敦。

「他背叛了我們。」他說：「你的親戚貴敦想把我們賣給美國人。」

我氣呼呼地反駁，說我當時不在國內，對貴敦做的事沒有半點頭緒。

英薩利思索了一下，然後向我坦言：

「我本來已經寫好信，要召你們回國。妳跟畢姜同志。這樣的一封信，代表的可是死亡，這點妳我都很清楚。」

「那為什麼你沒有把我們召回來？」我問。

「波布兄弟不准我這麼做。」英薩利笑了笑，並且說：「妳被控叛國控了八次啊，滿姐妹，每次指控妳的人都不一樣。妳知道自己為什麼從來沒有被從北京召回來嗎？」

我不知道。

「因為波布說他不准。他說要是妳叛國，就表示他也叛國。如果我們要逮捕妳，就得逮捕他。」

這時我才發現，波布又一次救了我的性命，而我卻根本不知情。

後來我想了很多次，為什麼英薩利兄弟要告訴我這件事。最後我終於明白，這是因為波布的妻子密頌的緣故。英薩利見我日子過得難受，想告訴我，波布就連在我不知情的時候，都關心著我。英薩利想讓我開心。

從那時候起，我就再也沒有動過想離開床墊兄弟的念頭了。

27.

我跟波布的元配帕娜莉阿姨後來只見過一次，那是一九九〇年的事，在瑪萊。當時我們已經有十五年以上沒見，而且她當初離開的時候，已經無法認人了，但奇怪的是，她認出了我。波布跟他的新妻子生了一個小孩，不過這件事帕娜莉阿姨並不知情。

「紹同志好嗎？安全嗎？」她問：「妳可以帶我去找他嗎？帶我去找他吧，拜託。」

她沒有大吼大叫，只是一臉哀求地看著我，潸然淚下。

「拜託。」她又說了一次。

我不知道該怎麼反應，便以最快的速度走開了。

28.

拜林是拓展非常快速的寶石之都，裝飾豐富的美麗寺廟居高臨下，人工接種的咖啡樹與芋頭叢環繞其外。

當年的革命領袖從山上來到城市，承諾不再與政府軍對抗，而他們的房子在今天新蓋的建築中，看起來像偏遠鄉村來的窮親戚所住的房子。

頭一個叛離的是波布的妻妹夫英薩利。那是一九九六年的八月，英薩利有感於再繼續抗爭下去也沒意義，遂跟越南人扶植的新任總理，同時也是前紅色高棉軍的韓森談和。喬森潘與農謝也跟著英薩利的腳步走。

直到今天，在拜林附近的森林裡，還可以看見一片又一片佔地廣大的野生辣椒田——這是當年紅色高棉軍聽從領導人指示，每到一處便盡量留下可食植物的傑作。

拜林裡住著數十個因為地雷而失了腿的人。直到今天，在拜林還是可能會踩到地雷。儘管紅色高棉繳械已是二十年前的事，這裡現在仍有地雷爆炸。

拜林裡住著不少前紅色高棉軍——從最低階的士兵到最高階的指揮官都有。我邀請兩人到餐廳用餐，這兩人在之前都是中階指揮官，一個叫蘇，一個叫桑。我想知道他們在波布時代都吃些什麼。

蘇矮矮的，瘦巴巴，年紀已過五十。游擊隊時期，他的部隊負責監督為紅色高棉採集寶石的人們——他的任務是看住那些人，免得他們私下將寶石拿去賣了。隨著時間流逝，蘇先生對寶石的瞭解程度，已經足以讓他經手寶石外銷的事務。

桑的個頭要來得高一點，在軍中是部隊領袖，他的部隊襲擊過附近最大的城市馬德望數次。

兩人都跟英薩利一起投誠。

「那段時間是我這輩子吃得最好的時候。」蘇先生說得很是嚮往。

我們會吃鰻魚湯，裡頭加了胡蘿蔔、當地品種的高麗菜，還有各種我說不出名堂的香料。

「就拿鰻魚來說好了。我的人會放陷阱來補鰻魚。通常是拿兩三公尺長的竹段，在裡頭放餌，將開口稍微堵著，讓鰻魚游進去後就出不來。嘴饞的時候，就算要我天天吃鰻魚也沒問題。現在鰻魚對我來說已經是難得的美味，真的很感謝你邀請我。」

「其他的弟兄會在森林裡打野豬。」桑先生補充道：「不過現在呢？一小塊野豬肉在餐廳裡要五萬瑞爾。*鰻魚湯（我也很謝謝你的邀請）要價三萬。這種餐點我只能在偶爾生意好的時候，稍微放縱自己一下，但天天吃我可吃不起。」

「我們所有人每年會去一次靠近泰國的邊境，我們跟波布和其他領導人在那邊受過訓。」蘇先生繼續回憶道：「波布總是說：『你們每個人如果要活命，就得懂得煮飯、打獵和尋找食物。』而我們每個人的背包裡也確實總裝著餐盒、湯匙與刀子。餐盒是可以放在火上烤的那種，我們每個人都懂得怎麼快速煮點東西吃。」

「這就是波布聰明的地方。」桑先生點點頭。「對於如何壯大柬埔寨，如何讓柬埔寨重新成為強國，他自有一套想法。不過，唉……他最後還是沒有成功。」

不管是桑先生，還是蘇先生，兩人都大聲打了個嗝——這是當地的風俗，當年波布與他的同志應該也是這麼做。打完嗝，兩人各拿了根牙籤，開始剔起被香菸染色的棕牙。

29.

臉上總是帶著笑容、個性溫和的床墊兄弟，即使被最親近的工作夥伴背叛，依舊沒有停下殺戮。才剛能下床，他便下令掃射不小心跨越泰國與紅色高棉勢力區交界的外國人。之後他又要人奪取宋成的性命。宋成對波布極為忠心，為波布做盡犧牲，被眾人視為波布的接班人，但波布卻懷疑他背著自己跟政府談判。宋成連同他的妻子（領導層的前廚娘）及孩子們一起遭到殺害，包含他的近親在內，總共有十三個人喪命。

波布在殺害宋成的同時，就等於對自己宣判了死刑。

他的追隨者當中，就連心意最堅定的，也看清了在他身邊沒人是安全的。當時紅色高棉中還未向政府倒戈的高層之一塔莫，並不打算就這麼坐以待斃。他槍殺了三名波布身邊的人，而射殺宋成的沙倫則被他關進老虎籠裡，下令將他連人帶籠丟下山頂。

30.

宋成？

我不相信波布下得了殺手。宋成是游擊隊裡最早、也最忠心的小組出身。對波布來說，

---

* 柬埔寨目前流通的貨幣，相當於十二塊美金。

他比其他人都要重要。波布得知宋成的死訊時，我在他身邊。他當時臉都白了，手裡拿的玻璃杯也掉在了地上。他很愛宋成。

殺害宋成的人是塔莫，他故意布局把罪行推給波布。波布對人向來很信任。塔莫一定是越南的間諜。

在宋成和他的家人死後沒多久，塔莫差人來告訴我們，要我們進叢林，說將有一場針對叛徒波布的審問。你能想像他用了這些字眼嗎？波布開始與柬埔寨的敵人抗爭的時候，他都還沒出生呢，這樣的一個毛頭小子現在竟然喊他做叛徒。

我沒去參加那場集會，我的丈夫畢姜也沒有。塔莫可能會開槍把我們殺了，所有的人都怕他。他曾要人逮捕一群在上學的路上爬樹摘木瓜的孩子，說那些孩子是叛徒，因為木瓜樹是大家的，該由組織來決定誰能吃木瓜、誰不能。那裡有許多木瓜樹，地上也滿是樹上掉下來的木瓜，而且都爛了，不過這些都不重要了。

這樣的事在波布掌政的時候，似乎在整個柬埔寨都有。我不知道，我當時不在國內，不過如果真有這種情事發生，他一定不知情。波兄弟向來不准人因為孩子想吃木瓜而處罰他們，從來沒有。我對波布比對我自己的親生父母還瞭解。

波布不是一個劊子手。

波布是個夢想家。

他夢想一個正義的世界，一個沒有人挨餓的世界，一個沒有人高人一等，或是自以為優越的世界。

波布不可能奪走人們的食物，要是有人下達這種命令，那麼那個人一定不會是他。

我知道塔莫會氣瘋，知道那場集會會是什麼樣子，知道其他像這跑到我家的傢伙一樣的毛頭小子會討論誰是叛徒、誰不是叛徒，知道自己會哭。

即使如此，我還是沒有參加那場集會。

雖然我自己可能落到被關進老虎籠的下場，但我到最後都還是站在個性溫和的床墊兄弟，也就是世人所知的波布那邊。

而我到今天依舊站在這裡。

31.

波布過世前沒多久，只有一名西方記者成功訪問到他。那是一個美國人，叫納特·塞耶。塔莫將身為紅色高棉前領導人的波布當作談判籌碼，隨時能把他交給政府，以換取更好的投降條件。而他之所以允許西方記者見他的前領導人，也只是為了展現善意。

塞耶到波布位於叢林裡的竹屋探望他。許多年後，我問塞耶在那場訪談中有沒有提到任何關於飲食的事。

「波布的妻子與年幼的女兒幫他闢了一座小菜園，而他吃的東西都是從泰國走私來的。」塞耶說：「他喝的是摻了泰國鹽的中國茶。跟高棉的食物比起來，泰國與中國的食物要讓他們喜歡許多，這是他們骯髒的小祕密。當時他們為我準備了一個『宴會』——進口的罐裝品客洋芋片及水牛漢堡，還有溫的雪碧、可樂及盜版的黑牌約翰走路。」

與塞耶的訪談過程中，對於所有的罪行指控，波布一項也沒承認。

32.

這名取消貨幣的獨裁者墳墓，至今仍屹立在多樓層的巨大賭場的陰影中。我的導遊宋伯瑞提到幾年前有人向他兜售波布的骨骸。

「那看起來像是手的一部分，大概是真的，那個男人想要賣一百美金。波布火化後，餘下的骨頭多年來一直堆在他的墳上，沒人理睬，甚至連狗都沒興趣。直到最近幾年，那些骨頭才被清空。」

永滿：

我去過那邊兩次，那裡看起來很糟，就好像他們連他死後都想摧殘他。

他的第二任妻子密頌只去過那裡一次，那是兩千年初的事了。她先是來找我。

「永滿，我們一起為波布兄弟煮點什麼好嗎？」

我笑了笑，然後答腔：

「當然好，我們一起煮。」

我們為他做了兩道他最喜歡的餐點——鳳梨辣椒糖醋湯及烤雞。當時我問密頌他有沒有可能是自行了斷。大家都是這麼說的，有一些人。他似是知道塔莫打算殺他，便服下了他基地裡的大量藥物，想就這麼一覺不醒。不過密頌說不可能，說他是死於心臟病。我們把所有的東西都載去他火化的地方，因為柬埔寨的人相信，人類的靈魂在死後需要飲食才能轉生。我不信這一套，不過大家都信，所以我也該這麼做。他的靈魂一定已經不在那裡了。按和尚的說法，他的靈魂經過這麼多年，已經進到另一副軀體了。也許波布正活在世上的某個地方？現在是十幾歲，也許二十歲的年紀。我不知道他在哪裡，不過我很確定我們還會一直聽見他的事蹟。

33.

我現在大部分的時間都在休息。我有第四臺，我喜歡看足球跟摔角。我不知道為什麼，但每個禮拜六我都會打開電視收看。我喜歡英國的切爾西隊、兵工廠隊……，在那種時候我會覺得很幸福。也許是因為我看的都是年輕強壯又健康的男人？我這輩子都跟這樣的人處在一起，畢竟在游擊隊裡，男人個個肌肉發達。每當看著現在的男孩，都讓我不禁為以前的男孩感嘆。現在的男人看起來都像超級市場的肉雞，一點肌肉都沒有。

以前年輕一點的時候，我買過機票飛去倫敦看切爾西隊或兵工廠隊的現場比賽，但我現在不會再這麼做了。我得滿足於電視裡的內容。

所以我喜歡橄欖球，也喜歡美式摔角。我喜歡看約翰．希南上場打鬥。我喜歡的足球員裡，有一個的笑容跟波布的一模一樣，都是那麼溫和。他叫什麼名字？我不記得了。你把知名的足球員照片給我看，我就告訴你是誰。喔，就是這個人！梅西……，你應該也看見了吧，他的笑容跟波布是一個模子刻出來的。

我什麼都不缺。我跟丈夫當初從山上來安隆汶這裡時，什麼都沒有。我們買了一小塊土地，靠自己的雙手伐樹整地，然後兩個人一起種稻與割稻。我們兩個人都從來沒在田裡工作過。我們有一頭水牛，後來又買了兩頭。

我們的房子就蓋在路邊，所以我買汽油來分裝在可口可樂的瓶子裡賣，好賺點家用。也多虧了我們這麼做，今天我們的孩子才能有一座貨真價實的加油站。

有些日子裡，我不開電視，就只是坐在那裡回想自己的人生，回想自己遇過的人，自己跟怎樣的人握過手。我會想起我的丈夫，想起游擊隊時期的朋友。

我也會想起波布。

兄弟，你問我們之間有沒有可能有別的發展，我不明白這種問題。我們之間的發展已經是最好的結局了。有那麼多年，我每天都能看見他，看著他笑，聽著他說笑話，能為他做飯。這真的已經很多了。

你問我愛不愛他。

聽過我講的這些事後，你自己說，有人可以不愛他嗎？

波布的廚師永滿。
© Witold Szabłowski

作者維特多．沙博爾夫斯基與永滿。© Witold Szabłowski

咖啡：後記

要寫一本各位剛讀完的這種書，會碰上許多問題，其中最重要的就是得找到可信的資料來源。當然，關於書裡提到的每一位獨裁者，坊間都能找到他們的傳記。相對來說，關於波布的生平與執政過程，我們有很多瞭解，而這都要歸功於菲利普・蕭特及大衛・錢德勒。以卡斯楚為題材的著作也非常廣泛，比如泰德・蕭爾茲所著的《極具爭議的人物：卡斯楚》，便值得一讀。然而，不管是海珊、阿敏，還是霍查，都沒有像前兩位那樣描寫詳盡的書籍可參考。

至於廚師，那就更糟了。歐銅德・歐德拉的故事能在胡安・莫雷諾所著的《魔鬼廚師：世上最燒的一群人》一書中窺見，而永滿的故事則能在先前引述過的勞倫絲・皮克書中找到。關於她及伊拉斯莫・赫南德斯的事還有幾篇報導可供參考，所有的資料就這麼多了。

不過在訪談過程中，廚師們所說的內容時不時會與上述參考來源所描寫的歷史相悖（又或者版本不同）。比如我在撰寫歐銅德．歐德拉的故事時，就發生過這種情況。他在十幾年前跟莫雷諾所說的內容，便與十幾年後告訴我的有所出入（與莫雷諾的訪談於德國《明鏡週刊》及上述書籍中皆有刊載）。在莫雷諾的報導中，他的人生與我親耳聽見、親手寫下的有好幾處不同。永滿也是類似情況——我有幾道問題都被她刻意忽略，避而不談。柬埔寨記者狄桑巴曾在二〇〇一年，以她和波布妻子喬帕娜莉的關係為題，與她進行訪談。而該次訪談的內容與後來我在二〇一七年跟她的對談，就有所差異。勞倫絲．皮克對她與家人的描寫，也同樣有相牴觸的地方。由於相異處都與她的家人有關，我不便多談。話說回來，我推薦有興趣的人去讀《超越地平線：紅色高棉的五年生活》這本精彩的書。這些差異不具太大意義，想必可以歸咎於故事主人翁的年歲。不過類似的情況層出不窮，讓我不得不採取相應策略。我認同人們有權按自己多年來的記憶（又或者是有意識的選擇）來講述自己的生平。當然，如果我知道哪個地方有所出入，便會深入探究。但如果主角告訴我，他在接受我訪問的當下所說的內容屬實，那麼我便會將那看作是事實。

我透過幾個方式查證所獲得的資料。首先當然是透過書籍，然後我會請對書中獨裁者有所認識，又或者是熟知他們政權運作方式的人來閱讀此書，最後再向熟稔書中各國的專家諮商。相關人士都以清單方式列載書末。

我花了許多時間查證書中提到的事件與場景，然而當中有許多地方（比如廚師與獨裁者的交談內容及當時他們使用的字眼）都無法找到人背書。我們必須像在與他們見面，吃他們為我們所做的飯菜時那樣，相信這些廚師。再說，他們希望自己被世人記得的是怎樣的面貌，我們其實又有什麼理由不加以尊重呢？

醬料：致謝

本書撰寫歷時四年，內容分別於四大洲形成。而本書之所以能成行，都要感謝數十位人士協助。

首先我要感謝各獨裁者的廚師願意接受我的訪談。感謝我的工作夥伴及翻譯。這些人都是萬中選一，因為找到這些廚師（而這絕不簡單），說服他們接受訪談的正是這些人。多虧有他們，我才能像去拜訪許久不見的老朋友一樣，時常去探視這些廚師。正因為他們的坦率與才幹，才讓這些廚師跟我們說了許多之前不曾告訴過任何人的事。

這些人分別是：

古巴

喬治・科第拉・米格爾（Jorge Cotilla Miguel X.）

阿爾巴尼亞

琳蒂塔・查拉（Lindita Çela）

貝薩・利克梅塔（Besar Likmeta）

伊拉克

哈山・阿水（Hassan Ashwor）

伊布拉欣・伊亞斯（Ibrahim Elias）

馬可斯・佛里曼（Marcus Freeman）

烏干達

卡爾・歐德拉（Carl Odera）

尤莉亞・普魯斯（Julia Prus）

柬埔寨

音頌（Yin Soeum）

我也要感謝在寫這本書時為我提供協助的人。希望以下人士能接受我的感謝：卡塔郡娜・波倪（Katarzyna Boni）、宋伯瑞（Soeum Borey）、伊恩・布魯瑪（Ian Buruma）、西恩・拜（Sean Bye）、歐嘉・赫瑞博（Olga Chrebor）、阿里・迪布（Ali Dib）、帕維爾・高吉林斯基（Paweł Goźlinski）、伊恩・格拉哈姆少校（Major Iain Grahame）、湯瑪士・古佐瓦提（Tomasz Gudzowaty）、朵蘿塔・赫羅迪斯卡（Dorota Horodyska）、迪歐尼・賀塞亞斯基（Djoni Hysajagielski）、梓比什克・亞諾夫斯基（Zbyszek Jankowski）、伊莎貝拉・卡魯塔（Izabella Kaluta）、馬欽・孔奇（Marcin Kącki）、皮歐特・坑桔斯基（Piotr Kędzierski）、同・凡・鄧・蘭庫里斯（Ton van de Langkruis）、丹尼爾・力斯（Daniel Lis）、馬切伊・穆蕭（Maciej Musiał）、帕維爾・皮儂爵克（Paweł Pieniążek）、阿格聶詩卡・朗辛斯卡—布卜（Agnieszka Rasinska-Bóbr）、格爾特先・史密德（Gretchen Schmid）、菲利普・蕭特（Philip Short）、達米安・斯特隆卻克（Damian Strączek）、馬利伍施・史池格（Mariusz Szczygieł）、馬利伍施・特卡屈克（Mariusz Tkaczyk）、瑞娜塔・池欽卡（Renata Trzcinska）、米瑞克・弗雷克維（Mirek Wlekły）、愛娃・沃以切赫夫絲卡（Ewa Wojciechowska）、瑪烏葛夏・沃尼亞克—蝶德倫（Małgosia Woźniak-Diederen）、哈撒恩・亞辛（Hassan Yasin）、露西・札科帕洛娃（Lucie Zakopalová）、娜塔麗亞・札巴（Natalia Zaba）。

感謝企鵝藍燈書屋出版社（Penguin Random House）及該出版社的傑出編輯約翰・西西

里亞諾（Johnem Siciliano）先生。他相信這本書的潛力，在我還沒動筆之前便買下了這本書，這在美國出版業中，對波蘭作者來說是非常罕見的事。

感謝安東妮亞・勞埃德—瓊斯（Antonia Lloyd-Jones）從以前到現在，為我個人及波蘭文學所做的那麼許多事。感謝妳的友誼。感謝妳在翻譯這本書時所做的貢獻。還有，感謝妳在英格蘭東部給我的那美好的一天。

感謝阿娜・傑維特—梅勒（Ana Dziewit-Meller）與馬欽・梅勒（Marcin Meller）幾乎從我開始寫作起，便一路陪伴我。我要額外感謝馬欽邀我加入W.A.B.出版社。在那裡我認識了許多非常棒的人：克什托夫・雷希涅夫斯基（Krzysztof Leśniewskim）、伍卡施・加渥勒斯基（ ukasz Gaworski）、馬切伊・馬爾奇施（Maciejem Marciszem）、阿卡迪伍施・亞米努克（Arkadiusz Jakimiuk）・瑪歌札塔・達諾夫絲卡（Małgorzata Danowska）、伊莉莎白・卡莉諾夫絲卡（Elżbieta Kalinowska）、多米妮卡・切希隆—施曼絲卡（Dominika Cieśla-Szymańska）、安娜・德沃拉克（Anna Dworak）。感謝你們。

感謝我的經理人嘉布莉夏・涅介樂絲卡（Gabrysia Niedzielska）。

感謝我的經紀人安娜・路欽絲卡（Ana Rucińska）及馬欽・貝加以（Marcin Biegaj），以及安德魯納伯格聯合國際有限公司整個了不起的團隊（尤其是安德魯・納伯格）。我也要感謝瑪格達·登波夫絲卡（Magda Dębowska），一開始與我做這本書的便是她的經紀公司。

伊莎貝拉·梅札（Izabela Meyza），感謝妳與我同在，而我保證總有一天我會學會怎麼好好煮一頓飯（不然我至少也會鼓起勇氣嘗試）。事實上，我從馬可斯那裡已經學了許多，但我總是學不會怎麼才能做好。

阿妮卡（Anielka）、瑪麗安卡（Marianka）、媽媽、爸爸、奶奶、爺爺，感謝你們。

這是一份美麗的工作，卻時常會出現難題。我非常感謝在這當中所有能夠讓我依靠的人。

產地來源：註釋與參考書目

註釋

1 引述自阿布里什（S.K. Aburish），《海珊：復仇的政治》（Saddam Hussein: The Politics of Revenge）（倫敦：Bloomsbury, 2001），頁17。

2 亨利・克耶姆巴（Henry Kyemba），《血腥的國度：伊迪・阿敏恐怖統治的內幕》（A State of Blood: The Inside Story of Idi Amin's Reign of Fear）（倫敦：Ace Books, 1977），頁22。

3 同前註，頁136。

4 J. Marshall，〈米爾頓・奧博特：烏干達獨立後的首位領導人，強制實行一人獨大制，卻遭到二度推翻〉《衛報》，２００５年10月12日。文章網址：https://www.theguardian.com/news/2005/oct/12/guardianobituaries.hearafrica05（網頁造訪日期：２０１９年7月27日）。

5 埃內斯托・切・格瓦拉著，E.P. Ortega譯，《古巴革命紀實》（Pasajes de la guerra revolucionaria）（克拉科夫：Wydawnictwa Literackiego, 1981），頁８－９。

6 泰德·蕭爾茲（Tad Szulc），《極具爭議的人物：卡斯楚》（Fidel: A Critical Portrait）（紐約：Harper Perennial, 2002），頁86。

7 Frei Betto著，J. Perlin, M. Dolgolewska譯，《卡斯楚與宗教：與貝托弟兄的對話》（Fidel i religia: Rozmowy z Bratem Betto）（華沙：Instytut Wydawniczy PAX, 1986），頁34–35。

8 安立奎·柯利納（Enrique Colina）執導，《大理石般的乳牛》（La vaca de marmol），古巴、法國共同製作，2013年。

9 湯姆·米勒，《與敵人交易：一個洋基佬橫越卡斯楚的古巴之旅》（Trading with the Enemy: A Yankee Travels Through Castro's Cuba）（紐約：Atheneum, 1992），頁3008-3009（Kindle Reader）。

10 菲利普·布倫納（Ph. Brenner），《閱讀當代古巴：重新發明的革命》（A Contemporary Cuba Reader: Reinventing the Revolution）（拉納姆：Rowman & Littlefield Publishers, 2008），頁1。

11 賽斯·麥登斯（S. Mydans），〈波布的手足回憶那名有禮貌的男孩及殺人兇手〉《紐約時報》，1997年8月6日。文章網址：http://www.nytimes.com/1997/08/06/world/pol-pot-s-siblings-remember-the-polite-boy-and-the-killer.html（網頁造訪日期：2019年7月27日）

12 M. Zawadzki，〈美國的骯髒事〉《選舉報》（Gazeta Wyborcza），2014年2月21日。文章網址：http://wyborcza.pl/alehistoria/1,121681,15500554,Brudne_sprawki_Ameryki.html（網頁造訪日期：2019年7月27日）。

13 L. Crothers，〈愛家好男人：妻子眼中的喬森潘〉《劍橋日報》（The Cambodia Daily），2013年6月11日。文章網址：https://www.cambodiadaily.com/news/wife-portrays-khieu-samphan-as-the-loving-family-man-30266/（網頁造訪日期：2019年7月27日）。

14 B. Kiernan, Ch. Boua’編，《一九四二—一九八一，柬埔寨的農民與政治》（Peasants and Politics in Kampuchea 1942–1981），（倫敦：Zed Books, 1982），頁320。

15 W. Górnicki，《竹沙漏》（Bambusowa klepsydra）（華沙：Państwowy Instytut Wydawniczy, 1980），頁112。

16 勞倫絲·皮克（Laurence Picq），《超越地平線：紅色高棉的五年生活》（Beyond the Horizon: Five Years with

the Khmer Rouge）（紐約：St Martins Pr, 1989），頁109－110。

17 同前註，頁147。

18 同前註，頁106。

19 更多資訊及其他紅色高棉高官裙帶關係氾濫的報導，請參考D.A. Ablin, M. Hood，《揭露：柬埔寨的痛苦地獄》（Revival: The Cambodian Agony）（紐約：Routledge, 1990）。

20 大衛・錢德勒（D. Chandler），《來自S－21的聲音：波布祕密監獄裡的恐怖與故事》（Voices from S-21: Terror and History in Pol Pot's Secret Prison）（倫敦：University of California Press, 2000），頁63。

21 勞倫絲・皮克（Laurence Picq），《超越地平線：紅色高棉的五年生活》（Beyond the Horizon: Five Years with the Khmer Rouge）（紐約：St Martins Pr, 1989），頁99。

參考書目

伊拉克

Saïd K. Aburish, *Saddam Hussein: The Politics of Revenge* (Bloomsbury, 2001).

Roman Chałaczkiewicz, *Zmierzch dyktatora: Irak w moich oczach* [*Twilight of a Dictator: Iraq Through My Eyes*] (Wydawnictwo Znak, 2008).

Efraim Karsh and Inari Rautsi, *Saddam Hussein: A Political Biography* (Grove Press, 2002).

烏干達

J. H. Driberg, *The Lango: A Nilotic Tribe of Uganda* (T. Fisher Unwin, 1923).

Iain Grahame, *Amin and Uganda: A Personal Memoir* (HarperCollins, 1980).

Kenneth Ingham, *Obote: A Political Biography* (Routledge, 1994).
Henry Kyemba, *A State of Blood: The Inside Story of Idi Amin's Reign of Fear* (Ace Books, 1977).
George Ivan Smith, *Ghosts of Kampala: The Rise and Fall of Idi Amin* (St. Martin's Press, 1980).

阿爾巴尼亞

Tadeusz Czekalski, *Albania* (Trio, 2003).
Blendi Fevziu, *Enver Hoxha: The Iron Fist of Albania*, trans. Majlinda Nishku (I. B. Tauris, 2016).
Misha Glenny, *The Balkans: Nationalism, War, and the Great Powers, 1804-2012* (Granta, 2012).
Enver Hoxha, *The Khrushchevites: Memoirs* ("8 Nentori," 1980).
Ismail Kadare, *Chronicle in Stone*, trans. Arshi Pipa (Canongate, 2011).
Owen Pearson, *Albania as Dictatorship and Democracy: From Isolation to the Kosovo War*, vol. 3 of *Albania in the Twentieth Century: A History* (I. B. Tauris, 2007).
Arshi Pipa, *Albanian Stalinism: Ideo-political Aspects* (East European Monographs, 1990).

古巴

Frei Betto, *Fidel and Religion: Conversations with Frei Betto on Marxism and Liberation Theology*, trans. Mary Todd (Ocean Press, 2006).
Anya von Bremzen, *Paladares: Recipes Inspired by the Private Restaurants of Cuba* (Harry N. Abrams, 2017).
Philip Brenner and Marguerite Rose Jiménez, eds., *A Contemporary Cuba Reader: Reinventing the Revolution* (Rowman & Littlefield, 2007).
Suzanne Cope, "When Revolution Came to the Kitchens of Cuba," *The Atlantic*, August 11, 2016, www.theatlantic.com/international/archive/2016/08/cuba-castro-villapol-julia-child/494342.
Servando Gonzalez, *The Secret Fidel Castro: Deconstructing the Symbol* (InteliBooks, 2016).

Che Guevara, *Che: The Diaries of Ernesto Che Guevara*, trans. Alexandra Keeble (Ocean Press, 2008).
Tom Miller, *Trading with the Enemy: A Yankee Travels Through Castro's Cuba* (Basic Books, 2008).
Juan Reinaldo Sanchez, *The Double Life of Fidel Castro: My 17 Years as Personal Bodyguard to El Líder Máximo*, with Axel Gyldén (St. Martin's Press, 2015).
Tad Szulc, *Fidel: A Critical Portrait* (Perennial, 2002).
Marisa Wilson, *Everyday Moral Economies: Food, Politics, and Scale in Cuba* (Wiley-Blackwell, 2013).

柬埔寨

David A. Ablin and Marlowe Hood, eds., *The Cambodian Agony* (M. E. Sharpe, 1990).
William Burr and Jeffrey P. Kimball, *Nixon's Nuclear Specter: The Secret Alert of 1969, Madman Diplomacy, and the Vietnam War* (University Press of Kansas, 2015).
David P. Chandler, *Voices from S-21: Terror and History in Pol Pot's Secret Prison* (University of California Press, 2000).
Gina Chon and Sambath Thet, *Behind the Killing Fields: A Khmer Rouge Leader and One of His Victims* (University of Pennsylvania Press, 2010).
Wiesław Górnicki, *Bambusowa klepsydra* [*The Bamboo Hourglass*] (Państwowy Instytut Wydawniczy, 1980).
Ben Kiernan and Chanthou Boua, eds., *Peasants and Politics in Kampuchea, 1942-1981* (M. E. Sharpe, 1982).
Laurence Picq, *Beyond the Horizon: Five Years with the Khmer Rouge*, trans. Patricia Norland (St. Martin's Press, 1989).
Philip Short, *Pol Pot: The History of a Nightmare* (John Murray, 2006).

中文	波蘭文	英文
科佩利亞	Coppelia	
紅色高棉	Czerwieni Khmerzy	Khmer Rouge
埃宥比王朝	Ayyubid	
格蘭瑪號	Granma	
桂族	Kuy	
烏干達人民大會黨	Ludowy Kongres Ugandy	Uganda People's Congress
烏干達立法委員會	Rada Legislacyjnej Ugandy	Uganda Legislative Council
馬克思主義圈	Cercle Marxiste	
國家土地改革研究所	Narodowy Instytut Reformy Rolnej	National Institute for Agrarian Reform
國家大飯店	Hotel Nacional	
得格	dege	
復興黨	Partia Baas	Ba'ath Party
普農族	Pnong	
越南南方民族解放陣線	Wietkong	Vietcong
瑞爾	riel	
嘉萊族	Jarai	
蒙卡達兵營	koszary Moncada	Moncada Barrack
歐吉科	Ojiko	
歐魯圖	orutu	
盧歐人	Luo	
黏液瘤	myksomatoza	Myxomatosis
齋戒月	ramadan	
蘭戈人	Lango	

中文	波蘭文	英文
《廚師與烹飪的歷史》	A History of Cooks and Cooking	
《歷史上的廚師》	Ako sa varia dejiny	Cooking History
《魔鬼廚師：世上最燒的一群人》	Teufelsköche: an den heißesten Herden der Welt(德)	
波蘭廣播電臺	Polskie Radio	Polish Radio
英國《衛報》	Guardiana	The Guardian

其他名詞

中文	波蘭文	英文
中文	波蘭文	英文
大白奶	Ubre Blanca	
公牛	El Toro	
切爾西隊	Chelsea London	
卡夸部落	Kakwa	
伊內絲媽媽	Mama Ines	Mama Inés
安卡	Angkar	
自由之家	Freedom House	
兵工廠隊	Arsenal	
亞嘎姆（媒婆）	jagam	
和平宮	Pałac Pokoju	Palace of Peace
坦普安族	Tampuan	
姆宗谷	Mzungu	
波蘭聖誕慈善大樂隊	Wielka Orkiestra Świątecznej Pomocy	Great Orchestra of Christmas Charity
阿散德	Asande	
阿爾巴尼亞國家保安局	Sigurimi	
哈瓦那解放大飯店	Hotel Habana Libre	
哈吉	El Hadżdż	El Haj
思鄉組織	Dżihaz Hanin	Jihaz al-Haneen

中文	波蘭文	英文
穆罕默德・馬拉伊	Muhammed Marai	Mohammed Marai
穆罕默德・謝胡	Mehmet Shehu	
諾羅敦・施亞努	Norodom Sihanouk	
龍諾	Lon Nola	Lon Nol
賽吉妲	Sadżida	Sajida
韓森	Hun Senem	Hun Sen
薩利姆	Salim	
薩拉丁	Saladyn	Saladin
薩娜	Sano	
薩達姆・海珊	Saddam Husajn	Saddam Hussein
薩蜜拉・沙赫班達	Samira Szahbandar	Samira Shahbandar
薩德	Saad	
羅傑利奧・阿塞維多	Rogelio Acevedo	
蘇	Sum	
蘇所潔	So Socheat	
蘇洛・格拉德奇	Sulo Gradeci	

書報雜誌、電影與電視劇名

中文	波蘭文	英文
《卡斯楚與宗教》	Fidel i religia	Fidel and Religion
《明鏡週刊》	Der Spiegel(德)	
《格蘭瑪日報》	Granma	
《真理報》	Trybuny Ludu	Pravda
《紐約時報》	New York Times	
《殺戮戰場》	Pola Śmierci	The killing fields
《揭露：柬埔寨的痛苦地獄》	Revival: The Cambodian Agony	
《超越地平線：紅色高棉的五年生活》	Beyond the Horizon: Five Years with the Khmer Rouge	
《極具爭議的人物：卡斯楚》	Fidel: A Critical Portrait	

中文	波蘭文	英文
喬治	Jorge	George
喬森潘	Khieu Samphan	
喬蒂麗	Khieu Trinith	Khieu Thirith
富爾亨西奧・巴蒂斯塔	Fulgencio Batista	
斐代爾・卡斯楚	Fidel Castro	
斯瓦維克	Sławek	
普拉	Prak	
湯姆・米勒	Tomem Millerem	Tom Miller
琳蒂塔・查拉	Lindita Çela	
菲利普・蕭特	Philip Short	
貴敦	Koy Thuon	
費吉・霍查	Fejzi Hodża	Fejzi Hoxha
雲亞	Yun Yat	
塔莫	Ta Mok	
奧古斯特	August	
奧伊特・奧喬克	Oyite Ojok	
當	Doeun	
農娃倫	Nuon Varin	
農謝	Nuon Chea	
瑪任娜	Marzena	
瑪蒂納	Madina	
瑪爾塔	Marta	
維斯瓦夫・古爾尼次基	Wiesław Górnicki	
蓋	Keo	
蜜莉亞	Miria	
摩西・阿敏	Moses Amin	
撒以夫	Saif	
撒拉赫	Salah	
歐得羅・歐索雷	Odero Osore	
歐銅德・歐德拉	Otonde Odera	
歐德拉・歐尤德	Odera Ojode	
潘薇拉	Pranvera	

中文	波蘭文	英文
迪歐尼・胡賽	Djoni Hysaj	Erjon Hysaj
席維斯特	Sylvester	
庫賽	Kusajj	
恩維爾・霍查	Envera Hodży	Enver Hoxha
格達費上校	pułkownik Kaddafi	Colonel Gaddafi
桑	Sang	
海剌拉赫・土爾法	Chajrallah Tulfa	Khairallah Talfah
海爾・塞拉西一世	Hajle Sellasje	Haile Selassie
涅琪米葉	Nedżmije	Nexhmije
烏代	Udajj	
特蕾莎・安納札	Teresa Anaza	
砰	Bang	
納特・塞耶	Nate Thayer	
納瑟爾	Naser	
索科爾	Sokol	
索菲	Peang Sophi	
索羅門・歐庫庫	Salomonem Okuku	Salomon Okuku
茲比格涅夫・布里辛斯基	Zbigniew Brzeziński	
茲必薛克	Zbyszek	
馬可斯・伊薩	Marcus Isa	
馬吉德	Al-Madżit	al-Majid
婻	Roeun	
密頌	Mea Som	
梅西	Messi	
畢姜	Pich Cheang	
莎布哈	Sabha	
莎拉・歐巴馬嬤嬤	Mama Sarah Obama	
勞松	Lao Song	
勞倫絲・皮克	Laurence Picq	
勞爾・卡斯楚	Raulem Castro	Raúl Castro
喬帕娜莉	Khieu Ponnary	

中文	波蘭文	英文
妮札・維拉波爾	Nitza Villapol	
帕	Phat	
彼得・克雷克	Peter Kerekes	
拉米茲・阿利雅	Ramiz Alia	
拉法特	Rafata	Rafat
欣	Sean	
波布	Pol Pota	Pol Pot
金	Khim	
阿巴斯	Abbas	
阿布・阿里	Abu Ali	
阿布杜	Abdull	
阿布德・阿赫穆德	Abd Ahmud	Abud Ahmud
阿克拉姆	Akram	
阿德南	Adnan	
哈山	Hassan	
哈桑・貝克爾	Hassan al-Bakr	
哈畢布	Habib	
哈菈	Hala	
哈德吉	Hadżi	
哈撒恩・亞辛	Hassan Yasin	
查爾斯・阿魯博	Charles Arube	
柯絲坦蒂納・那烏米	Kostandina Naumi	
科索・普拉庫	Koço Plaku	
約凡	Jovan	
約韋里・穆塞維尼	Yoweri Museweni	Yoweri Museveni
約瑟普・布羅茲・狄托	Josip Broz-Tito	
約翰	John	
約翰・希南	John Cena	
胡安・莫雷諾	Juan Moreno	
胡安妮塔太太	Doña Juanita	
胡莉亞・希門內茲	Julia Jimenez	
英薩利	Ieng Sary	

中文	波蘭文	英文
伊羅娜	Ilona	
伊蘇夫・卡洛	Isuf Kalo	
先知穆罕默德	prorok Mahomet	prophet Muhammad
吉亞德	Zijad	
安立奎・阿塞維多	Enrique Acevedo	
安立奎・柯利納	Enrique Colina	
安東尼奧・努涅斯・希門內斯	Antonio Núñez Jiménez	
安東妮雅・洛伊德・瓊斯	Antonia Lloyd-Jones	
托洛斯基	Trotsky	
米格爾	Miguel	
米爾頓・奧博特	Milton Obote	
老歐巴馬	Barack Obama Senior	
西恩富戈斯	Cienfuegos	
西莉亞・桑切斯	Celia Sánchez	
亨利・克耶姆巴	Henry Kyemba	
何梅尼	Chomeini	Sayyid Ruhollah Musavi Khomeini
利今森	Ly Kim Seng	
宋成	Son Sen	
宋伯瑞	Soeum Borey	
宋瑪麗	Soeung Son Maly	
李文斯頓	Livingstone	
沃以切赫・亞杰斯基	Wojciech Jagielski	
沙伊・朱哈尼	Sza'i Dżuhani	Shah Juhani
沙奇爾	Szakir	Shakir
沙倫	Saroeun	
狄昂	Serge Thion	
狄桑巴	Thet Sambath	
亞采克	Jacek	
奇基托	Kizito	

中文	波蘭文	英文
黎溫達村	Liunda	
獨立大街	İstiklal Caddesi	
穆拉哥醫院	Mulago Hospital	
諾雷布羅格街	Nørrebrogade	
臘塔納基里省	prowincja Rottanak Kiri	Ratanakiri province

人名

中文	波蘭文	英文
K先生	pan K.	Mr. K.
大衛・格列戈	David Griego	
小沙洛特紹	Saloth Sâr	
切・格瓦拉	Che Guevara	
尤莉亞・普魯斯	Julia Prus	
巴拉克・歐巴馬	Barack Obama	
木斯塔夫	Mustafa	
卡米爾・漢納	Kamil Hanna	Kamel Hana
卡斯塔涅拉	Castañera	
卡爾・歐德拉	Carl Odera	
尼安勾馬・奧別羅	Nyangoma Obiero	
尼薩	Nisa	
布蘭科・特波維奇	Branko Trbović	
平索菲	Peang Sophi	
弗雷・貝托	Frei Betto	
弗羅雷斯	Flores	
永善	Yung San	
永滿	Yong Moeun	
伊利・波帕	Ylli Popa	
伊拉斯莫・赫南德斯	Erasmo Hernandez	
伊迪・阿敏	Idi Amin	
伊恩・格拉哈姆	Iain Grahame	
伊斯馬	Isma	

中文	波蘭文	英文
金邊	Phnom Penh	
阿米利亞區	dzielnica Amirijja	Amariya district
阿路爾村	Aluor	
阿爾巴尼亞	Albania	
非夏爾	Fier	
哈瓦那	Hawana	Havana
拜林	Pailin	Pailin
施亞努市	Preăh Suhanŭk	Sihanoukville
柬埔寨	Kambodża	Cambodia
柯基洛	Kogelo	
美國	Stany Zjednoczone	United States
埃斯坎布雷山脈	Sierra del Escambray	
恩德培	Entebbe	
桔井省/市	Krâchéch	Kratié
烏干達	Uganda	
納傑夫	Nadżaf	Najaf
素昆鎮	Skuon	
馬加馬加	Maga Maga	
馬坦薩斯	Matanzas	
馬埃斯特臘山脈	Sierra Maestra	
馬格里布	Maghreb	
馬雷貢大道	Malecon	
馬德望	Bătdâmbâng	Batdambang
基蘇木	Kisumu	
康培拉	Kampala	
凱瓦連	Caibarién	
提克里特	Tikrit	
塔莫湖	Ta Mok	
聖克拉拉	Santa Clara	
瑪萊	Mălai	Malai
摩蘇爾	Mosul	
磅湛省	prowincja Kâmpóng Cham	Kampong Cham province

中文	波蘭文	英文
鵪鶉蛋	jajko przepiórcze	quail egg
蘋果	jabłko	apple
鰻魚	węgorzyk	elver

地名、國名

中文	波蘭文	英文
夫羅勒	Wlora	Vlorë
巴格達	Bagdad	
巴斯拉	Basra	Basry
比蘭	Birán	
加利西亞	Galicja	Galicia
卡巴列特德喀薩斯山	Caballete de Casas	
卡馬華尼	Camajuaní	
卡優別得拉島	Cayo Piedra	
古巴	Kuba	Cuba
古巴聖地亞哥	Santiago de Cuba	
布希亞	Busia	
布洛庫區	Blloku	
伊拉克	Irak	Iraq
吉羅卡斯特	Gjirokastra	Gjirokastër
地拉那	Tirana	
安隆汶縣	Ânlóng Vêng	Anlong Veng
艾比爾	Erbil	
希拉	Al-Hilla	Hillah
佩什科比城	Peshkopi	
奈洛比	Nairobi	
拉姆布古村	Rambugu	
波格拉德茨	Pogradec	
肯亞	Kenia	Kenya
金賈	Jinja	

中文	波蘭文	英文
酵母	drożdże	yeast
酸奶	śmietana	cream
餃子	pierogi	dumpling
鳳梨	ananas	pineapple
墨西哥烤肉	fajitas	
墨西哥捲餅	burritos	
蝗蟲	locusta	locust
蝙蝠	nietoperz	bat
蝦子	krewetka	shrimp
蝴蝶排	palomilla steak	
魴魚	piotrosza	John Dory
燈籠果	Miechunka	Physalis/ Groundcherry
燕麥粥	owsianka	oatmeal
糖醋湯（酸甜湯）	zupa słodko-kwaśna	sweet-and-sour soup
蕃薯	batat	sweet potato
螃蟹	krab	crab
龍蝦	langust	lobster
櫛瓜	cukina	zucchini
翼豆	łust głąbigroszek	winged bean
薑黃	kurkuma	turmeric
蟋蟀	świerszcz	cricket
鮮魚佐芒果醬	ryba w sosie z mango	fish in mango sauce
點心	przegryzka	snack
檸檬汁	sok z cytryny	lemon juice
檸檬生魚醃	Ceviche	
舊衣服	Ropa vieja	
覆盆莓	malina	raspberries
雞肉捲	rolada z kurczaka	chicken roulade
羅勒	bazylia	basil
羅望子	tamarynd	tamarind
蠍子	skorpion	scorpion

中文	波蘭文	英文
馬鈴薯	ziemniak	potatoes
高麗菜	kapusta	cabbage
乾果布丁	pudding z suszonych owoców	
基輔炸肉排	kotlet po kijowsku	chicken Kiev
曼達茲	mandazi	
梨子	gruszka	pears
甜瓜	melon	
甜餅	Sheqerpare	
蛆	czerw	worm
雪切帕赫（甜餅）	sheqerpare	
魚漿	prahok	
短吻海豚	delfin krótkogłowy	Irrawaddy dolphin
絲瓜	trukwa	luffas
菲力牛排	stek z polędwicy	sirloin steak
酥餅	burek	byrek
黃鰭亮鮰	gattan	
黑豆	czarna fasola	black bean
圓麵包	bułeczka	roll
塔巴斯科辣椒醬	Tabasco	
塔哈那	trahane	tarhana
葡萄乾	rodzynek	raisin
葡萄葉包飯	dolma	dolma
賊魚湯	złodziejska zupa rybna	thieves' fish soup
鼠尾草	szałwa	salvia
嘎西	gahi	
旗魚	miecznik	swordfish
榛果	orzech laskowy	hazelnut
瑪斯古夫（烤鯉魚）	mazguf	mazgouf
綠花椰菜	brokuła	broccoli
蜥蜴	jaszczurka	lizard
辣椒	chili	chili pepper

中文	波蘭文	英文
青蛙	żaba	frog
非洲鯽魚（羅非魚）	tilapia	tilapia
南瓜	dynia	pumpkin
哈蘇得	hasude	
春捲	sajgonki	spring roll
洋蔥	cebula	onion
炭烤肉串	tikka	
秋葵	okra	
紅酒牛排	stek w sosie winnym	steak in wine sauce
紅螞蟻	czerwona mrówka	red ant
紅鯛魚	lucjan czerwony	red snapper
紅蘿蔔	marchew	carrot
胡桃	orzech włoski	walnuts
苦瓜	przepękla	bitter gourd
茄子	bakłażan	eggplants
韭蔥	por (roślina)	leek
風乾牛肉	bastirma	bastirma
香芹	pietruszka	parsley
香草	wanilia	vanilla
香蕉	banan	banana
栗子	kasztan	chestnut
烏骨雞	czarny kurczak	black chicken
烏嘎里	ugali	
烏龜湯	zupa z żółwi	turtle soup
烤羊肉	pieczona koza	roasted goat
烤肉串	szisz kebab	shish kebab
烤肉條	Köfta	Koftas
烤乳豬	lechon asado	roast suckling pig
羔羊	jagnięcina	lamb
茴香	koper włoski	fennel
荔枝	liczi	lychee
馬拉光	malakwang	

中文	波蘭文	英文
冬瓜	beninkaza	wax gourd
冬粉	makaron sojowy	soya noodle
半釉汁	demi-glace	
古巴醬汁	mojo criolllo	
四季豆	długa fasola	Chinese long beans
巧克力慕斯	mus czekoladowy	chocolate mousse
玉米派	shapkat	
白蟻	termit	termite
石榴子	pestka granatu	pomegranate seed
印度麵包恰巴蒂	indyjski chlebek ćapati	Indian chapati bread
多香果	ziele angielskie	allspice
竹筍	pędy bambusa	bamboo shoot
羊雜湯	pacza	pacha
老鼠	szczur	rat
肉丸	kubba	kubbah
肉桂	cynamon	cinnamon
西班牙大鍋飯	paella	
杏仁	migdał	almond
杏桃	morela	apricot
沙丁魚	sardynka	sardine
沙威瑪	szawarma	shawarma
芋頭	taro	
帕哥羅荷	pargo rojo	pargo rojo
法式燉羊肉	navarin	
法式鹹派	francuski quiche	
炒牛	Vaca frita	
炒麵	smażony makaron	fried noodle
空心菜	wilec wodny	water spinach
芭樂	gujawa	guava
金頭鯛	dorada	sea bream
長棍麵包	bagietka	baguette
青豆	zielona fasola	green bean

中波英名詞對照表*

食物名

中文	波蘭文	英文
丁骨牛排	T-bone stek	T-bone steak
口袋餅	pita	pita
大麥米	kasza albo ryż	buckwheat
大象	słoń	elephant
大蒜	czosnek	garlic
大雜燴	ajiaco	
小扁豆	Soczewica	lentil
小番茄	pomidorek cherry	cherry tomatoe
小黃瓜	ogórek	cucumber
小龍蝦	langusta	crayfish
山羊肉抓飯	pilaw z koźliny	goat pilaf
山藥	pochrzyn	yam
月桂葉	listek laurowy	bay leaf
木瓜沙拉	sałatka z papai	papaya salad
木薯	maniok	manioc
水蛇	wąż wodny	water snake
火雞	indyka	turkey
牛肉腰子派	steak and kidney pie	
牛尾湯	oxtail soup	

* 按中文首字的筆劃排列。若波文版用詞即是英文或其他外文，則英文對照就會留空。

Beyond

21

世界的啟迪

獨裁者的廚師

JAK NAKARMIĆ DYKTATORA

作者	維特多・沙博爾夫斯基（Witold Szabłowski）
譯者	葉祉君
執行長	陳蕙慧
副總編輯	洪仕翰
責任編輯	洪仕翰
校對	李鳳珠
行銷總監	陳雅雯
行銷企劃	趙鴻祐、張偉豪、張詠晶
封面・內頁設計	蔡佳豪
插畫	Dofa
內頁排版	宸遠彩藝

出版	衛城出版 / 遠足文化事業股份有限公司
發行	遠足文化事業股份有限公司（讀書共和國出版集團）
地址	231 新北市新店區民權路 108-2 號 9 樓
電話	02-22181417
傳真	02-22180727
客服專線	0800-221029
法律顧問	華洋法律事務所　蘇文生律師
印刷	呈靖彩藝有限公司
初版	2021 年 4 月
初版九刷	2023 年 12 月
定價	450 元

國家圖書館出版品預行編目(CIP)資料

獨裁者的廚師
維特多・沙博爾夫斯基(Witold Szabłowski)著；葉祉君譯. -- 初版. -- 新北市：衛城出版，遠足文化事業股份有限公司, 2021.04
面；公分. --（Beyond；21）（世界的啟迪）
譯自：Jak nakarmic dyktatora
ISBN 978-986-06253-0-1（平裝）

1. 烹飪　2. 傳記

427.12　　110002949

ACRO POLIS 衛城出版

Email acropolismde@gmail.com
Facebook www.facebook.com/acrolispublish

● 親愛的讀者你好，非常感謝你購買衛城出版品。
我們非常需要你的意見，請於回函中告訴我們你對此書的意見，
我們會針對你的意見加強改進。

若不方便郵寄回函，歡迎傳真回函給我們。傳真電話—— 02-2218-0727

或上網搜尋「衛城出版FACEBOOK」
http://www.facebook.com/acropolispublish

● 讀者資料

你的性別是 □ 男性 □ 女性 □ 其他

你的職業是 ______________ 你的最高學歷是 ______________

年齡 □ 20 歲以下 □ 21-30 歲 □ 31-40 歲 □ 41-50 歲 □ 51-60 歲 □ 61 歲以上

若你願意留下 e-mail，我們將優先寄送 ______________ 衛城出版相關活動訊息與優惠活動

● 購書資料

● 請問你是從哪裡得知本書出版訊息？（可複選）
□ 實體書店 □ 網路書店 □ 報紙 □ 電視 □ 網路 □ 廣播 □ 雜誌 □ 朋友介紹
□ 參加講座活動 □ 其他 ________

● 是在哪裡購買的呢？（單選）
□ 實體連鎖書店 □ 網路書店 □ 獨立書店 □ 傳統書店 □ 團購 □ 其他 ________

● 讓你燃起購買慾的主要原因是？（可複選）
□ 對此類主題感興趣 □ 參加講座後，覺得好像不賴
□ 覺得書籍設計好美，看起來好有質感！ □ 價格優惠吸引我
□ 議題好熱，好像很多人都在看，我也想知道裡面在寫什麼 □ 其實我沒有買書啦！這是送（借）的
□ 其他 ________

● 如果你覺得這本書還不錯，那它的優點是？（可複選）
□ 內容主題具參考價值 □ 文筆流暢 □ 書籍整體設計優美 □ 價格實在 □ 其他 ________

● 如果你覺得這本書讓你好失望，請務必告訴我們它的缺點（可複選）
□ 內容與想像中不符 □ 文筆不流暢 □ 印刷品質差 □ 版面設計影響閱讀 □ 價格偏高 □ 其他 ________

● 大都經由哪些管道得到書籍出版訊息？（可複選）
□ 實體書店 □ 網路書店 □ 報紙 □ 電視 □ 網路 □ 廣播 □ 親友介紹 □ 圖書館 □ 其他 ______

● 習慣購書的地方是？（可複選）
□ 實體連鎖書店 □ 網路書店 □ 獨立書店 □ 傳統書店 □ 學校團購 □ 其他 ________

● 如果你發現書中錯字或是內文有任何需要改進之處，請不吝給我們指教，我們將於再版時更正錯誤

____
____
____
____
____

請沿虛線剪下

廣告回信
臺灣北區郵政管理局登記證
第 1 4 4 3 7 號

請直接投郵•郵資由本公司支付

23141
新北市新店區民權路108-2號9樓

衛城出版 收

● 請沿虛線對折裝訂後寄回，謝謝！

ACRO POLIS 衛城出版

Beyond

21

世界的啟迪